直流互感器

原理与检测技术

朱梦梦 朱全聪 林聪 唐标 编著

中国电力出版社
CHINA ELECTRIC POWER PRESS

内 容 提 要

本书立足于指导、服务直流互感器现场检测的顺利开展，在阐述常用直流互感器原理、直流互感器试验及标准依据的基础上，有针对性地介绍了直流互感器检测的关键技术与设备，并进一步给出了直流互感器检测的实例与分析。

本书对供电企业、电力科学研究院工程技术人员开展直流互感器现场检测具有一定的理论、实践价值。

图书在版编目（CIP）数据

直流互感器原理与检测技术 / 朱梦梦等编著 . —北京：中国电力出版社，2021.1
ISBN 978-7-5198-4311-3

Ⅰ．①直…　Ⅱ．①朱…　Ⅲ．①高电压互感器　Ⅳ．① TM451

中国版本图书馆 CIP 数据核字（2020）第 024502 号

出版发行：中国电力出版社
地　　址：北京市东城区北京站西街 19 号（邮政编码 100005）
网　　址：http://www.cepp.sgcc.com.cn
责任编辑：丁　钊（010-63412393）
责任校对：黄　蓓　郝军燕
装帧设计：王红柳
责任印制：杨晓东

印　　刷：三河市百盛印装有限公司
版　　次：2021 年 1 月第一版
印　　次：2021 年 1 月第一次印刷
开　　本：710 毫米 ×980 毫米　16 开本
印　　张：6.25
字　　数：80 千字
定　　价：58.00 元

本书编委会

前　言

直流互感器是换流站最为重要的高压设备之一，负责将整个换流站的一次电压、电流传递到测控与保护单元，是所有二次系统的"眼睛"。

直流互感器信号传递过程涉及多个环节，它对直流分量的传变准确度、频率响应特性及暂态阶跃特性是否满足要求，是换流站安全运行最为关键的因素之一。与传统的交流变电站一样，现场交接试验、定期周检试验等现场检测是评估、验收直流电力设备性能的重要手段，但由于种种原因，测量直流互感器准确度、频率响应特性及暂态阶跃特性的这些关键试验在现场尚未充分开展，因此直流互感器因测量异常而导致的告警及事故时有发生。

直流互感器采用的是数字量输出型互感器，在传变环节、采样率及多种协议等诸多方面的因素，使得现场检测天然地存在着很大难度。此外，合并单元无对时信号输入，同步检测不易实现；互感器安装位置离地高，造成高空挂接导线困难，试验负载及安全风险倍增；相关测试标准缺失，国内无成熟经验可依，专业技术人员匮乏，业内也缺乏模拟实际运行工况的相关测试研究。

本书编者多年从事直流互感器的科学研究、现场试验工作，深知直流互感器现场检测的技术难点，因此本书立足于指导、服务现场检测的顺利开展，在阐述常用直流互感器原理、直流互感器试验及标准依据的基础上，有针对性地介绍了直流互感器检测的关键技术与设备，并进一步给出了直流互感器检测的实例与分析。本书对供电企业、电力科学研究院工程技术人员开展直流互感器现场检测具有一定的理论、实践价值。

本书的相关研究得到云南省科协"青年人才托举工程项目"、云南电网有限责任公司职工技术创新项目"接地极线路用直流互感器宽频特性研究与现场测试方法改进""基于绝对延时的直流互感器异地同步校准方法与不确定度研究"的支持，谨致谢忱。

由于本书编写工作量大、时间仓促，兼作者水平有限，书中难免存在疏漏和不妥之处，恳请读者批评指正。

编著者

目　录

1 绪 论

1.1 国内直流工程简介

从 20 世纪 80 年代我国自主建设第一个 ±100kV 舟山直流输电工程后，我国陆续建设了 ±500kV 葛洲坝—南桥、天生桥—广州、三峡—广东、三峡—常州、永仁—富宁等数个直流输电工程，特别是 ±800kV 云广特高压直流输电工程于 2009 年 12 月单极投运、于 2010 年 6 月双极投运后，我国直流电力工程技术研发、装备制造均达到国际先进水平。

柔性直流输电技术作为新一代直流输电技术，相比于传统直流输电方式，具有孤岛供电、城市配电网增容改造、交流系统互联、大规模风电场并网等诸多方面的技术优势。柔性直流输电工程已投运的有 ±160kV 南澳多端柔直工程、±200kV 舟山五端柔性直流工程、厦门 ±320kV 柔性直流工程以及鲁西背靠背直流工程等，正在建设的有 ±500kV 张北柔性直流工程已进入全面调试阶段，江苏电网 ±220kV 西环网是我国首个自主研发、设计和建设的UPFC（统一潮流控制器）工程，标志着我国在柔性交流输电领域已经走在世界前列。

随着直流输电、装备制造技术迅猛发展以及大型工程需要，国内开始了多端直流工程的建设。禄高肇直流工程首次将两端直流改造为三端直流，能大幅提升主网架通道利用率。昆柳龙直流工程是世界上容量最大的特高压多端混合直流工程，采用更加经济、运行更为灵活的多端直流系统，送端的云南昆北换流站采用特高压常规直流，受端的广西柳北换流站、广东龙门换流站采用特高压柔性直流。

近年来，低压直流配电技术也逐渐受到关注，直流配电网在输送容量、可控性及提高供电质量、减小线路损耗、隔离交直流故障以及可再生能源灵活、便捷接入等方面具有比交流更好的性能，可有效提高电能质量、减少电力电子换流器的使用、降低电能损耗和运行成本、协调大电网与分布式电源之间的矛盾，充分发挥分布式能源的价值和效益。国内亦逐步建立了直流配电网技术实验室及示范工程。

1.2　换流站直流互感器发展现状

直流互感器主要分为直流电流互感器和直流电压互感器。已投运直流工程中的直流电流互感器主要分为 3 类：有源光电式直流电流互感器（OCT，目前主要是基于分流器或罗氏线圈原理的直流电子式电流互感器）、零磁通式直流电流互感器、全光纤式直流电流互感器。直流电压互感器主要是基于电阻分压原理的直流电子式电压互感器。

1.2.1　国外研究现状

为沿袭 GB/T 20840.8—2007《电子式电流互感器》对非传统电流互感器的定义，DL/T 278—2012《直流电子式电流互感器技术监督导则》提出将"光电流互感器"归为"直流电子式电流互感器"。

世界上第一台光电流互感器采用玻璃波导传输光脉冲，在 1963 年安装在美国的 230kV 电网上。进入 20 世纪 70 年代，随着光纤的问世和实用化，以光学互感器为代表的电子式互感器得到了发展，但其精度低、稳定性差。

到了 20 世纪 80 年代，学者们对光学电流互感器的结构设计、温度影响、可靠性等一系列的理论、工程、技术问题进行深入研究，研制出光学电流互感器并应用于电网实际，其性能相比于之前有了明显的进步。其中，日本开展了磁光式光学电流互感器和组合式光学电压电流互感器的研究。一直到 20 世纪 90 年代，ABB 公司、法国阿尔斯通（ALSTOM）公司等开展了实用化技术研究，产品性能得到了进一步提升。这些前期的研究，为后续光学电流互感器在直流输电工程的应用奠定了基础。2008～2009 年，日本东京电力公司在北海道—本州间的直流输电工程中安装了全光纤式直流电流互感器，并进行了误差比对研究。阿尔斯通公司研制出 ±800kV 直流光纤互感器，在全球多个国家的电网工程投入使用。

相较于光学直流互感器的挂网试点应用，采用基于分流器原理的光电式直流电流互感器、基于电阻分压原理的直流电压互感器在直流工程中得到了广泛应用。在我国早期建设的直流工程中，由于直流互感器国产化水平偏低，大部分换流站采用了进口设备，例如：天广直流输电工程应用的是西门子生产的直流互感器，ABB 公司生产额定电流为 3000A 的光电式直流电流互感器在三常直流输电工程中应用，近年来斯尼文特公司生产的直流电流、电压互感器也在国内直流工程中应用。由于绝缘水平不高，零磁通式直流电流互感器一般安装在中性线上，用于测量直流电流和谐波电流，例如在 ±800kV 云广特高压直流输电工程中就采用国外的零磁通式直流电流互感器。

1.2.2　国内研究现状

在 20 世纪 90 年代，我国开始对电子式互感器进行研究，主要研究机构是国内高校和科研院所等，尤其是国内智能变电站的迅速建设，为电子式互感器的推广应用积累了一定的经验，越来越多的电子式互感器样机进入挂网运行，也有部分生产制造厂商逐渐形成了系列产品并应用到国内智能变电站的实际工程中。

近年来，超高压、特高压直流输电系统在中国进入高速发展时期，直流输电设备从前期建设工程依赖进口到部分实现国产化，各种直流输电标准、规程和试验体系都在不断建立完善，中国的直流输电技术取得了飞跃的进展。

随着我国直流工程建设及关键设备国产化进程，逐步开始了直流互感器的国产化研究。中国电力科学研究院研制了 1 台额定电流 3000A、额定电压

50kV 零磁通式直流电流互感器样机，并开展了相关性能试验。2005 年 6 月～2006 年 9 月，西安高压电器研究所与华中科技大学共同研制成功的光电式直流互感器在国内灵宝背靠背直流工程挂网运行。西电集团公司在 2004 年研制出油浸式±500kV 直流电压互感器并完成型式试验，2006 年 12 月 SF$_6$ 气体绝缘结构的±500kV 直流电流互感器在葛洲坝换流站挂网运行。国产直流电压电流互感器开始应用于葛南直流输电系统改造工程中。在国内，例如南京南瑞继电保护有限公司、许继集团公司等都在加快直流互感器研制与开发，生产的直流互感器也都在国内直流输电工程中进行了应用。

相比较于交流互感器，直流互感器技术更为复杂，尤其是直流电子式互感器传输链路多、制造难度大。由于初期的设计、制造水平不高，直流互感器在现场运行中也存在一些问题，例如故障率高、准确度低以及长期可靠性等问题。但是，国产化直流互感器经过在实际工程的长期运行，加之运维人员对直流互感器的不断熟悉、了解，积累了大量现场应用经验，为厂家后续产品迭代升级提供了宝贵的数据。

在直流光纤电流互感器方面，南京南瑞继电保护有限公司成功研制了±800kV 直流全光纤电流互感器，并完成了型式试验，于 2014 年在苏州同里换流站进行了为期 1 年的试运行。随着国内柔性直流工程建设，国内一些设备制造厂家也针对柔性直流工程对直流互感器性能指标的特殊要求开展技术攻关，研制相应的配套直流互感器设备，并在实际直流工程中得到应用。

1.3　换流站直流互感器现场检测技术现状

1.3.1　现有检测方法及技术

在国内直流工程刚刚建设时，换流站直流互感器绝大多数采用的是进口产品，相应的试验也在国外实验室进行。在此期间，由于缺乏相关试验设备、关键技术及标准规范，国内的直流互感器型式试验、例行试验、现场试验并未充分开展，例如阶跃响应、频率响应、直流局放等试验难以开展，无法满足高压直流互感器试验需求。

随着直流工程国产化的步伐，国内逐步开展直流互感器相关检测研究，并在多个直流工程进行了初步应用。先期对直流互感器进行现场检测条件十分匮乏，一般只进行直流互感器出厂校准，而现场注流试验只在10%额定电流下进行且仅对变比进行粗略考核。近几年，诸多学者开展了直流互感器现场校准技术研究，也取得了丰硕的成果，值得在工程应用中借鉴。

1.3.2 直流互感器现场同步校准难点

目前，换流站多采用直流电子式互感器作为直流电压、电流的测量装置，由于其经过了传感变换、模数转换、同步合并、报文发送等诸多环节，这就决定了直流电子式互感器和合并单元信号传变的延时性和离散性，一般数字量输出型直流互感器绝对延时大约为百微秒级，因此时间特性是其不可忽略的重要特性。加之直流互感器本体和保护控制室的合并单元二次端口距离远，不同厂家直流互感器的协议和采样频率不尽相同且控保系统不依赖于同步信号而运行，故合并单元一般不接同步对时信号，造成同步检测不易实现。

1.3.3 暂态特性试验开展不充分

目前国内外对直流输电系统暂态过程的研究主要集中于直流输电系统在各种故障模式下的暂态特性研究，通常采用仿真器或电磁暂态仿真程序作为研究方法。阶跃响应和频率响应是直流互感器暂态特性的两个关键指标，受制于目前直流互感器相关暂态特性试验设备、技术不完善，缺乏相应标准规范，直流互感器暂态特性研究、试验一直未得到有效开展，主要有两方面原因：①直流电压、电流互感器包含大量电子元器件，混合了模拟、数字等技术且制造技术掌握在少数制造厂家手里，难以开展相关建模理论研究；②在试验研究方面，暂态电压、电流试验设备复杂、昂贵，集中于少数检测机构和设备生产厂家那里，难以开展相关研究。

2 直流电流互感器原理

2.1 换流站直流电流测量装置分布

典型高压直流输电系统结构如图 2-1 所示，换流站中安装直流电流互感器作为直流系统测控、保护的电流测量装置。一般情况下，直流电流测量装置包括阀厅极线直流电流测量装置、阀厅中性母线直流电流测量装置、直流场极线直流电流测量装置、直流场中性母线直流电流测量装置、金属中线、金

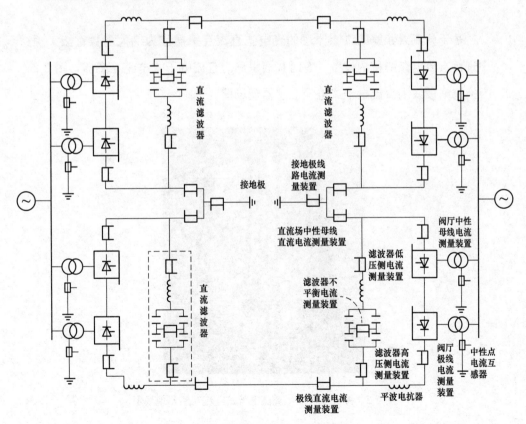

图 2-1 典型高压直流输电系统结构

属回线开关及站内接地开关电流测量装置。直流滤波器电流测量装置包括滤波器高压侧电流测量装置、滤波器低压侧电流测量装置、滤波器不平衡电流测量装置。此外，换流变压器中性点安装有直流偏磁电流测量装置，多数采用霍尔传感器进行电流测量。

作为直流电流互感器，主要是给直流系统提供准确可靠的直流电流信号，因此在确保直流系统正常运行下，需要不同的电流传感器进行电流测量，以便提供给系统控制保护用。下面将结合实际工程，阐述不同测量原理的电流互感器。

2.2　工程中直流电子式电流互感器

基于分流器和罗氏线圈原理的光电式直流互感器作为绝大多数直流工程中进行直流电流测量的设备，有时我们也称为直流电子式电流互感器，图 2-2 为换流站极线用直流电子式电流互感器现场图。

图 2-2　换流站极线用直流电子式电流互感器现场图

直流电子式电流互感器基本结构如图 2-3 所示，它主要由一次传感器（分流器、罗氏线圈)、远端模块、光纤及绝缘子以及合并单元几部分组成。

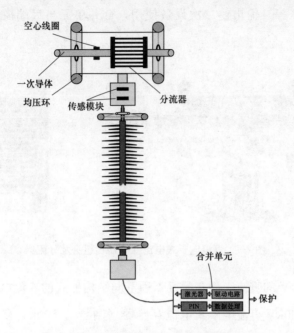

图 2-3　直流电子式电流互感器基本结构

(1) 一次传感器。一次传感器包括一个分流器和一个罗氏线圈,分流器用于测量直流电流,罗氏线圈用于测量谐波电流。图 2-4 为直流电子式电流互感器传感头及分流器。

(2) 远端模块。远端模块也称一次转换器,用于接收分流器和空心线圈的输出信号,并将其转换成数字光信号。为满足直流工程多重化冗余配置需求,保证电子式电流互感器具有较高的可靠性,可根据工程需求配置多个完全相同的远端模块。远端模块的工作电源由位于控制室合并单元内的激光器提供。

(3) 光纤及绝缘子。采用先进工艺技术使光纤免受损伤,一般有悬式或支柱式两种结构。

(4) 合并单元。合并单元置于控制室,它一方面为远端模块提供供能激光，另一方面接收并处理远端模块下发的数据，并将测量数据按规定的协议（TDM 或 FT3 等）输出供二次设备使用，合并单元与远端模块之间以光纤相连。

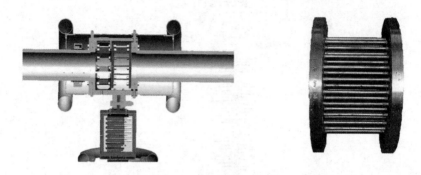

图 2-4　直流电子式电流互感器传感头及分流器

一般 500kV 的直流工程会配置 4 种不同结构形式的直流电子式电流互感器，分别为 500kV 直流电子式电流互感器（倒装）、500kV 直流电子式电流互感器（正装）、75kV 直流电子式电流互感器（倒装）、75kV 直流电子式电流互感器（正装）。额定电压为 500kV 和 75kV 的直流电子式电流互感器主要技术参数见表 2-1、表 2-2。

表 2-1　　　　额定电压为 500kV 直流电子式电流互感器主要技术参数

序号	名称	单位	参数
1	额定电流	A	3000
2	二次额定输电电压	mV	75
3	最大短路电流（有效值）	kA	36
4	短路持续时间	s	1
5	额定电流运行时测量精度	%	0.2
6	直流测量系统测量界限	p. u.	6
7	直流测量系统阶跃响应时间	μs	<250
8	最大允许光纤传输信号衰减	dB	<6
9	2~50 次谐波电流测量误差	%	<2

续表

序号	名称	单位	参数
10	额定电压	kV	500
11	最高运行电压	kV	515
12	直流耐压	kV	750
13	雷电冲击耐压	kV	1425
14	操作冲击耐压	kV	1300
15	电阻	$\mu\Omega$	25
16	合并单元信号输出形式	—	FT3 光信号数字量

表 2-2　　额定电压为 75kV 直流电子式电流互感器主要技术参数

序号	名称	单位	参数
1	额定电流	A	3000
2	二次额定输电电压	mV	75
3	最大短路电流（有效值）	kA	36
4	短路持续时间	s	1
5	额定电流运行时测量精度	%	0.2
6	直流测量系统测量界限	p. u.	6
7	直流测量系统阶跃响应时间	μs	＜250
8	最大允许光纤传输信号衰减	dB	＜6
9	2～50 次谐波电流测量误差	%	＜2
10	额定电压	kV	75
11	最高运行电压	kV	75
12	直流耐压	kV	112.5
13	雷电冲击耐压	kV	325
14	操作冲击耐压	kV	250
15	电阻	$\mu\Omega$	25
16	合并单元信号输出形式	—	FT3 光信号数字量

2.3　直流工程其他类型电流互感器

2.3.1　零磁通型直流电流互感器

因准确度高、绝缘水平较低、频带宽、动态性能良好等特点，零磁通型

11

直流电流互感器一般在直流换流站的中性线上被广泛应用。其原理与直流电流比较仪原理类似，如图 2-5 所示，主要由安装于复合绝缘子上的一次截流导体、铁芯、绕组和二次控制设备等组成。

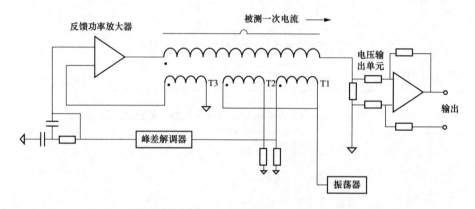

图 2-5　零磁通型直流电流互感器原理

零磁通型直流电流互感器原理如图 2-5 所示，零磁通型直流互感器中振荡器为辅助电路的激励电源，将高频激励电流输入两个调制检测绕组。峰差解调器的作用是将调制检测绕组检测出的有用峰差信号转换成一个直流控制电压。然后，反馈功率放大器把解调器输出的直流电压信号进行放大，并传至二次绕组形成反馈电流，实现一、二次安匝平衡。其中，二次电流流过负载电阻产生的电压信号通过电压输出单元中的运算放大器进行放大，进而产生电压输出。

2.3.2　罗氏线圈电流互感器

在直流输电系统中，极线上的直流电流互感器利用罗氏线圈进行系统的谐波分量测量，用于直流输电系统的保护和测控装置，下面将重点介绍罗氏线圈电流互感器（ROCT）原理、误差源和传变机理。

罗氏线圈遵循电磁感应原理和安培环路定律，当截流导体穿过线圈并且有电流变化，就会在周围产生一个响应变化的电流磁场，这个磁场将在线圈中产生响应的感应电动势，罗氏线圈传感头的等效电路模型如图 2-6 所示。

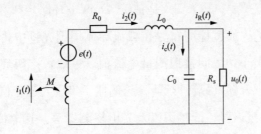

图 2-6　罗氏线圈传感头的等效电路模型

图 2-6 中，$i_2(t)$、$i_C(t)$ 和 $i_R(t)$ 为线圈中流过的感应电流、流过线圈匝间电容和采样电阻上的电流，R_0、L_0 和 C_0 分别为线圈的内阻、自感和杂散电容，R_S 为采样电阻，$u_0(t)$ 为采样电阻两端电压。

罗氏线圈工作在微分状态下时，线圈的输出电压是一个微分信号，为了能还原被测电流，必须进行积分还原。常用的积分电路为有源放大积分电路，带积分器的罗氏线圈等效电路如图 2-7 所示。

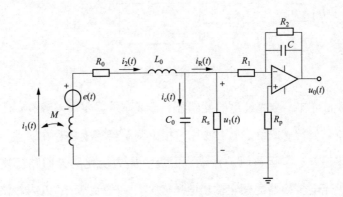

图 2-7　带积分器的罗氏线圈等效电路

整个电路可视为测量电路和积分电路两个环节，罗氏线圈的工作频率范围不仅取决于线圈的电磁参数 R_0、L_0 和 C_0，还与外积分电路有关。为了防止不必要的信号干扰，往往在积分回路进行滤波电路设计。

2.3.3 全光纤直流电流互感器

全光纤电流互感器（FOCT）是基于 Ampere 环路定律和磁光 Faraday 效应进行电流测量的，通过检测布置在载流导体周围光纤中传输的两束偏振光间形成的相位差大小，以间接地测量电流值。一般数字闭环全光纤电流互感器包括：光源、耦合器（或环形器）、起偏器、集成光学相位调制器（俗称直波导）、保偏光缆延迟器、传感头以及光电探测器等。其中传感头又包括 $\lambda/4$ 光纤波片、传感光纤和反射镜三个部分，结构如图 2-8 所示。

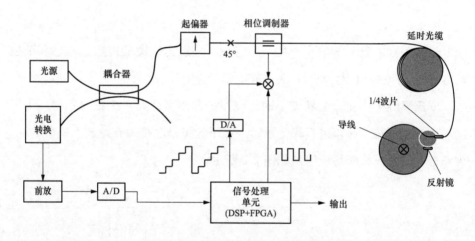

图 2-8 全光纤电流互感器（FOCT）结构

由图 2-8 可知，全光纤电流互感器（FOCT）主要误差源有：①光回路模块自身误差，如传感光纤、1/4 波片、相位调制器等模块存在误差，可能造成互感器整体超差；②运行时的振动、温度、压力变化对光回路模块带入的附加误差；③光电转换器的额定输出电压微弱，一般在 1mV 以内，该微弱信号需要进行调制和相干检测，该环节也是引入误差的重要一环；④噪声带入的误差，包括光源噪声、信号放大调理回路噪声、高速采样量化噪声、环境干扰噪声等。

图 2-9 为全光纤电流互感器（FOCT）在传变直流分量下的波形，图 2-10

为全光纤电流互感器（FOCT）传变交、直流分量叠加下的波形，图 2-11 为全光纤电流互感器（FOCT）暂态特性响应波形。

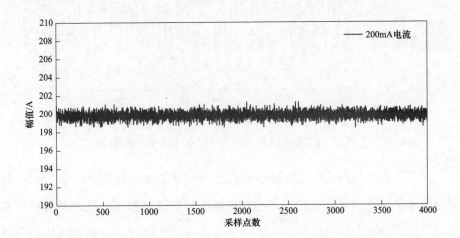

图 2-9　全光纤电流互感器（FOCT）在传变直流分量下的波形

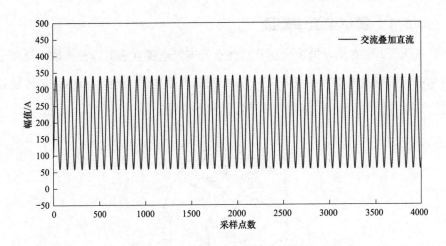

图 2-10　全光纤电流互感器（FOCT）传变交、直流分量叠加下的波形

从图 2-9～图 2-11 可看出，全光纤电流互感器（FOCT）具有动态范围宽，可对暂态信号无畸变传变，能如实地反映暂态全频带的信息，光学测量原理对交直流分量均能传变的优势在暂态中得到了体现。

15

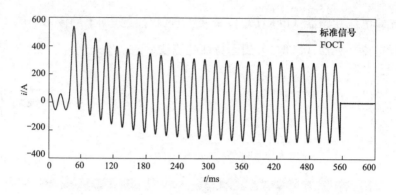

图 2-11　全光纤电流互感器（FOCT）暂态特性响应波形

FOCT 具有动态范围宽且可以对直流和交流电流进行传变，但 FOCT 易受温度和噪声影响而不稳定，因此在现场应用中受到限制，随着光纤材料和光纤互感器的技术日益成熟，在未来全光纤直流互感器会逐渐普遍应用在换流站以及智能变电站等量测设备中。

2.3.4　霍尔电流传感器

从图 2-1 可看出，换流变压器中性点处安装电流互感器以便获取电流用于换流站的控制及保护设备使用，一般换流变压器中性点电流采用霍尔传感器进行测量。图 2-12 为霍尔电流传感器结构示意图。

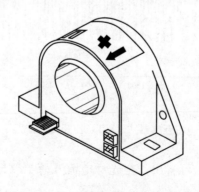

图 2-12　霍尔电流传感器结构示意图

　　换流变压器中性点电流互感器利用霍尔传感器传感被测一次电流，利用远端模块就地采集霍尔传感器的输出信号并转换为光信号，利用光纤传送信号至控制室的合并单元，随后转发至各换流变压器保护。

　　图 2-13 为某型号换流变压器中性点电流互感器原理结构图，包含 1 个霍尔电流传感器、1 个电源模块、3 个远端模块，各部分的作用如下：

　　（1）霍尔电流传感器。一次传感器采用霍尔电流传感器，霍尔电流传感器既可传变直流电流，也可传变交流电流，为穿心式结构，可耐受较大的短路电流，体积小且安装方便。霍尔电流传感器封装在一个独立的金属箱体内。

　　（2）电源模块。电源模块用于给霍尔电流传感器及远端模块提供工作电源，电源模块的输入为 DC 220V，输出为 ±15V，其中电源模块与远端模块一起安装于密闭的屏蔽箱体内。

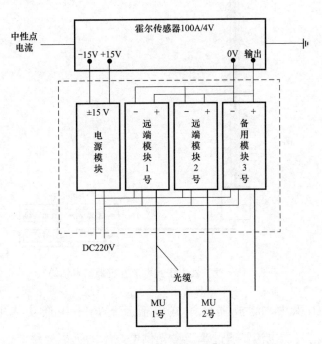

图 2-13　换流变压器中性点电流互感器原理结构图

（3）远端模块。远端模块就地采集霍尔传感器输出信号，远端模块输入电压信号额定值为 4V，信号频率范围 0～2.5kHz，输出为串行数字光信号。

2.3.5　低功率电流互感器

从图 2-1 可看出，直流输电系统中需要对滤波器的不平衡电流进行测量，主要包含滤波器高压侧、低压侧及不平衡支路的电流，一般安装低功率电流互感器（LPCT）完成电流采集，输出的信号供控制及保护设备使用，图 2-14 为滤波器电子式电流互感器基本结构。

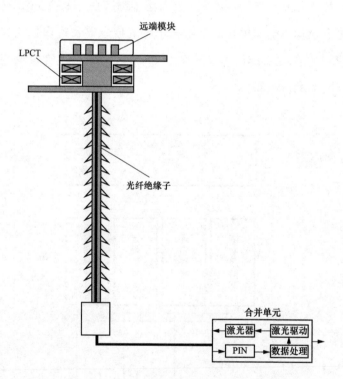

图 2-14　滤波器电子式电流互感器基本结构

在直流工程中，滤波器电子式电流互感器采用低功率电流互感器（LPCT）传感一次电流，通过基于激光供电技术的远端模块就地实现低功率电流互感器（LPCT）信号的输出，利用光纤复合绝缘子保证绝缘，然后通过光纤传送信号。结构有悬式和支柱式两种方式，可满足不同的现场安装需求。一般滤波器高压侧及低压侧电流测量装置采用悬挂式结构，具有绝缘简单可靠、自重轻、测量精度高、动态范围大、频率范围宽、响应快、运行稳定可靠等特点。

低功率电流互感器（LPCT）的等效模型与电磁式电流互感器模型类似，等效电路如图 2-15 所示。

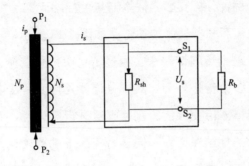

图 2-15　低功率电流互感器（LPCT）等效电路

图 2-15 中，P_1、P_2 和 S_1、S_2 分别为一次和二次接线端子；i_p、i_s 分别为一次和二次电流；U_s 为二次输出电压；N_p、N_s 分别为一次和二次匝数；R_{sh}、R_b 分别为并联电阻和负荷电阻。低功率电流互感器（LPCT）与传统电流互感器的 I/I 变换不同，低功率电流互感器（LPCT）二次侧电流通过一个并联电阻将二次电流转换成电压输出以实现 I/V 变换，输出的电压额定值一般为 1.5、2V 或 4V 等，电压信号后续处理过程及误差影响环节与罗氏线圈电流互感器（ROCT）类似。

由图 2-15 可知，低功率电流互感器（LPCT）传感头误差主要受并联电阻的性能、二次电流精度和周围电磁场干扰等因素的影响。低功率电流互感器（LPCT）本质还是带铁芯的电磁式电流互感器，因此当一次侧出现有低于工频分量的低频分量或衰减直流分量时，容易使其励磁工作点由线性区向非线性区移动，相比于罗氏线圈电流互感器（ROCT）容易出现饱和并造成传变误差。

2.4 直流电子式电流互感器传变特性分析

在 2.3 节中，针对零磁通式直流电流互感器、罗氏线圈电流互感器、全光纤电流互感器、霍尔电流传感器以及低功率电流互感器的传变机理进行了分析，在 2.2 节介绍了直流电流互感器结构原理及关键参数，本节以直流电子式电流互感器为例，分析其影响整体传变性能的因素。

直流电子式电流互感器整体传输链路如图 2-16 所示，不难发现，直流电子式电流互感器在整个传输链路中，经过了一次传感变换、模数转换、同步合并、报文发送等多个传递环节，其中分流器是传变一次电流关键部件，它的好坏直接影响着整体传变性能。在互感器进行设计时，要充分考虑分流器的温度稳定性和散热性，保证在不同运行工况下的准确性、可靠性。为了使得直流电流互感器获得更好的暂态响应（频率响应和阶跃响应）特性，要尽量减小分流器电阻的残余电感、寄生电容等参数引入的影响；同时，互感器的数字化实现过程还涉及信号调理、采集，这些都是影响整个直流电子式电流互感器整体传变性能的因素。

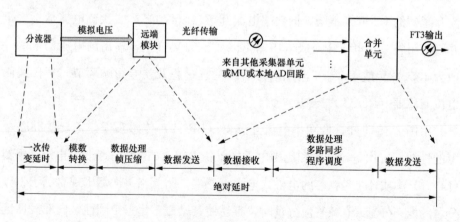

图 2-16 直流电子式电流互感器整体传输链路

3 直流电压互感器原理

3.1 换流站直流电压测量装置分布

直流电压互感器（直流电压测量装置）是直流输电系统中测量直流电压的主要设备，为直流输电系统的安全、稳定运行提供控制保护信号。直流电子式电压互感器主要应用于高压直流换流站的直流电压测量，输出信号供换流站直流控制保护设备使用。图 3-1 为典型直流工程系统结构及直流电压互感器分布位置图，换流站中安装了四台直流电压互感器，分别安装在极线和中性母线各两台作为直流电压测量的关键装置。

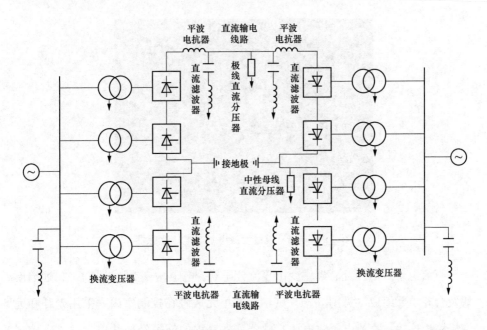

图 3-1 典型直流工程系统结构及直流电压互感器分布位置图

换流站直流场分为极线直流电压测量装置和中性母线直流电压测量装置，

区别在于中性母线直流电压互感器的电压等级相比于额定电压较低,其原理结构两者相同。中性母线上的直流电压互感器一般在 100kV 以下,但是如果直流系统在转大地或金属回线运行时,其对控制和保护的作用非常重要。

3.2　工程中直流电子式电压互感器

目前工程上主要采用基于电阻分压原理的直流电子式电压互感器,它是利用基于等电位屏蔽技术的精密电阻分压器传感直流电压、利用并联电容分压器均压并保证频率特性、利用复合绝缘子保证绝缘。直流电子式电压互感器绝缘结构简单可靠、线性度好、动态范围大,可实现对高压直流电压的可靠监测,是保证高压直流输电系统可靠运行的关键设备之一(见图 3-2)。

图 3-2　500kV 极线直流电子式电压互感器

直流电子式电压互感器主要由直流分压器、电阻盒(低压分压板)、远端模块及合并单元组成(见图 3-3)。其中合并单元放置在控制室内,采用光纤和远端模块相连接。直流电子式电压互感器采样获得的信号经合并单元送二次控制保护设备。

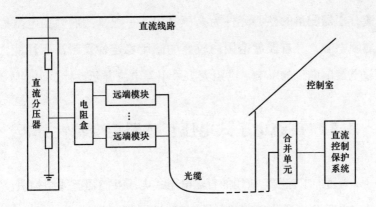

图 3-3　直流电子式电压互感器结构示意图

图 3-4 为直流分压器结构图，由高压臂和低压臂两部分组成。高压臂由多节模块化的阻容单元串联而成，根据直流电压互感器的电压等级设计串联级数。低压臂置于高压臂底座内，方便更换。

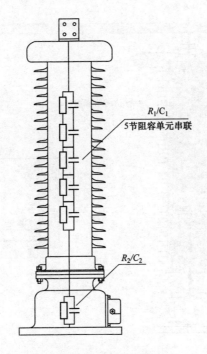

图 3-4　直流分压器结构图

直流分压器测量的核心元件为高压电阻，一般采用的高压电阻为大功率精密金属膜电阻，具有误差范围内较好的温度稳定性及耐高压性能。为了减小电晕放电及漏电流的影响，电阻大多采用等电位屏蔽设计。

3.3　直流电子式电压互感器传变特性分析

图 3-5 为目前工程实际应用的直流电子式电压互感器整体结构图。实际上，它通过精密电阻分压器传感直流一次电压，采用并联的电容来确保频率特性。二次电压输出一般为 50V 左右，然后电阻盒（低压分压板）将此电压转换为多个独立信号传送给不同的远端模块进行处理，输出私有协议的数字信号并通过光纤传送至合并单元进行处理，最后输出 FT3 协议数据提供给二次控制保护系统使用。

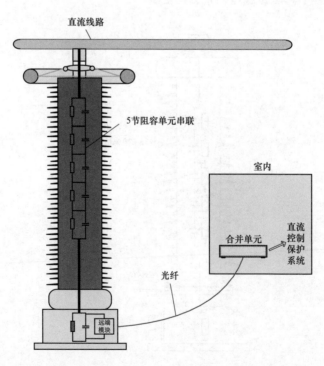

图 3-5　工程实际应用的直流电子式电压互感器整体结构图

直流电子式电压互感器整体传变过程如图 3-6 所示，在一次电压传变到合并单元输出信号时，主要误差源有：①一次分压器产生的误差；②电阻盒的二次分压引起的误差；③远端模块的滤波及信号调理、ADC 引入的误差；④合并单元插值同步及系数调整等带来的误差。

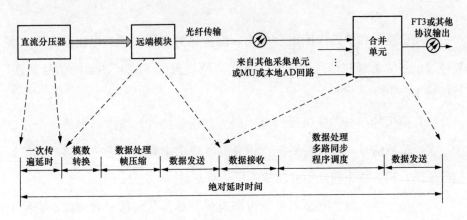

图 3-6　直流电子式电压互感器整体传变过程

直流电子电压互感器整个传输链路不仅包含了幅值误差，还包含了采样延时。尤其是分压器在长期运行下，暂态高电压会导致二次分压板上电阻阻值发生漂移，引起测量异常。同时，远端模块的滤波及信号调理回路元器件长时间运行，性能和参数会发生变化，也会引起测量误差。综上所述问题给直流电子电压互感器高准确度设计提出了很大的挑战。

4 直流互感器的数字化实现原理

4.1 信号调理与信号采集技术

采用分流器和罗氏线圈组合作为一次传感的直流电子式电流互感器，需要经过信号的调理和信号的采集，首先介绍直流电子式互感器的信号调理，具体如下：

（1）信号的积分。罗氏线圈原理因为其微分特性，输出不再是一个正比于一次电流的信号，所以需要配合积分器的应用来实现电子式互感器的原始信号输出，积分分为硬件积分和软件积分两大类。

（2）信号的滤波。互感器制造方应提供互感器的传递函数曲线，它给出电子式互感器频率特性的全貌。对于包含数字传输的互感器，制造方应提供互感器能够测量和正确传输的最高频率，通常是所用输出数据速率的一半。在GB/T 26216.1—2019《高压直流输电系统直流电流测量装置 第 1 部分 电子式直流电流测量装置》和 GB/T 26217—2019《高压直流输电系统直流电压测量装置》中对直流互感器的上限−3dB 截止频率规定不低于 3kHz。

目前电子式互感器由于受制于远端模块体积、功耗和技术难度等因素，一般采用无源的二阶低通滤波。虽然二阶 RC 低通滤波原理简单易实现，理论上可行，但是在兆赫频率下，器件的高频等效参数会发生改变，实际幅频特性与理论差异较大，并不能有效过滤高频信号，这给后端的信号采集和处理加大了难度，需引起重视。

（3）信号的分压。基于分流器传感的直流电流互感器，额定二次信号为几十毫伏的电压信号，需经过电压的分配与驱动，将分流器输出的一路模拟电压小信号，转换为多路模拟电压信号输出，分别接至三套保护系统及两套控制系统对应的各个远端模块进行采样处理，图 4-1 为信号的分压示意图。该信号分配与驱动，和远端模块一同位于高压端密闭的金属箱体内。

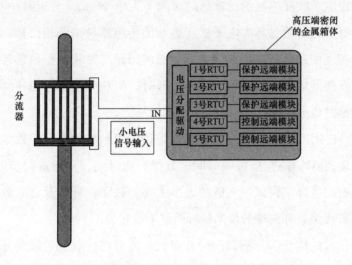

图 4-1　信号的分压示意图

对于阻容分压的直流电压互感器，一次分压臂的额定输出一般为几十伏，需要通过二次分压和驱动，将其变换成多路可进行采集的多个远端模块。二次分压可设计为多个并接的阻容分压回路，各阻容分压回路的高压臂与低压臂具有相同的时间常数。每个输出信号连接一个远端模块，从而使得多个远端模块的采样信号相互独立，每一支路不受其他支路远端模块阻抗变化的影响。

（4）信号的抗干扰。一般情况下，电磁干扰进入互感器的信号传变回路主要有辐射和传导两种方式，并通过信号引线、空间辐射和电源引线等三种途径实现，应结合实际工程对三种方式下的干扰进行消除。

（5）信号的调制与检测。对于全光纤原理的直流互感器，需要经过信号的调制与检测才能实现。

下面针对直流互感器的信号采集技术进行阐述：

（1）绝对延时。我们都知道，直流电子式互感器绝对延时时间关系到控制保护系统感受到一次侧信息的早晚，进而影响反应速度和动作快慢。目前标准中规定电子式互感器的传输延时时间不大于 $500\mu s$。分流器、罗氏线圈、阻容分压臂、光纤敏感环等电子式互感器的传感器带来的相位移，以及小电压信号的调理回路、积分回路、抗混叠滤波回路等带来的相位移，构成了直流电子式互感器的额定相位偏移，处理延时时间和额定相位偏移共同构成了时域上的绝对延时时间。

处理延时时间由电子式互感器远端模块的模数转换时间、数据处理及发送时间，以及 MU 的数据接收时间、数据处理时间、多通道同步处理时间、数据发送时间等环节构成，该值的大小主要和数字化环节及之后数字量的处理传输环节相关，和前端的模拟信号回路不再相关。

（2）信号的同步。互感器的合并单元，需要将接收到的多路异步采样的远端模块数据进行同步合并，此时涉及信号的同步。MU 输出采样值给直流控保设备时，一般采用点对点的模式，即合并单元直接以光纤与间隔层设备连接。当控保功能需要同时采用多个 MU 的采样值时，则通过同步措施来实现信号的同步。目前直流工程中信号同步采用的是基于绝对延时时间的插值同步。

另外，直流电子式互感器的信号采集还涉及采样误差、暂态特性（阶跃响应和频率响应特性）等。其中，阶跃响应过程是指对直流互感器一次侧施加一规定突然变化的测试量的时刻开始，到互感器输出达到规定限值内并维持其稳态值为止的持续过程。频率响应指在规定的测量频率范围内，当输入频率变化的正弦信号时，输出量与输入量的幅值比及相位差随频率的变化。

4.2　信号输出与传输技术

（1）物理层。直流电子式互感器数字接口的物理层采用曼彻斯特编码。

曼彻斯特编码也叫做相位编码，是一种同步时钟编码技术，具有自同步能力和良好的抗干扰性能，属于自同步的数据通信方式。曼彻斯特编码将时钟和数据包含在数据流中，通过接收方利用包含有同步信息的编码中提取同步信号来锁定自己的时钟脉冲频率。

物理层采用多模光纤传输数据，光波长 850nm，目前标准传输速度包括 2.5、5、10Mbit/s 和 20Mbit/s，常规直流输电用互感器的采样率为 10kHz，柔性直流用互感器的采样率为 50kHz、100kHz 等。不同的电子式互感器输出采样率决定实际的数据传输速率。

（2）链路层。直流电子式互感器数字接口协议的链路层基于 IEC 60044-8 标准的 FT3 传输协议。IEC 60044-8 是国际电工委员会制订的电子式电流互感器标准，它采用 FT3 格式的曼彻斯特编码方式实现设备之间的串行通信，通过光纤直连而不是基于以太网，避免了交换机可能造成的报文丢失等情况，具有很高的可靠性。IEC 60044-8 协议报文帧长相对恒定，字段的偏移固定，帧格式虽然没有 IEC 61850-9-2 灵活，但是降低了编解码的难度和工作量。

（3）应用层。应用层协议帧分为已标准化的常规直流用电子式互感器的数据帧格式，以及暂未标准化的柔性直流用电子式互感器数据帧格式。由于目前柔性直流电子式互感器的数字接口协议未统一，不同厂家设备传输数据的应用层均不同相同，应用层数据内容由各厂家自行定义。随着后期柔性直流工程技术发展的日趋成熟，直流互感器标准化工作的稳步推进，接口的统一是可以预见的。

5 直流输电工程直流互感器标准体系和试验

本章主要介绍直流互感器标准规范，以及直流互感器的准确度、频率响应和阶跃响应指标性能要求，并对相关试验的标准依据进行简单介绍。

5.1 标准及相关技术规范

直流互感器的国家标准在 2010 年发布，电网企业也根据直流工程的建设制订了企业技术规范。随着直流互感器性能检测迫切需求，其他一些相关试验标准和技术规范也相继制订并发布，表 5-1 为梳理的部分直流互感器相关标准及技术规范。

表 5-1   部分直流互感器相关标准及技术规范

序号	标准名称
1	IEC 61869-14-2018 Instrument transformers-Part 14：Additional requirements for current transformers for DC applications
2	IEC 61869-15-2018 Instrument transformers-Part 15：Additional requirements for voltage transformers for DC applications
3	GB/T 20840.7—2007 互感器 第 7 部分：电子式电压互感器
4	GB/T 20840.8—2007 互感器 第 8 部分：电子式电流互感器
5	GB/T 26216.1—2019 高压直流输电系统直流电流测量装置 第 1 部分：电子式直流电流测量装置
6	GB/T 26216.2—2019 高压直流输电系统直流电流测量装置 第 2 部分：电磁式直流电流测量装置
7	GB/T 26217—2019 高压直流输电系统直流电压测量装置
8	GB/T 20840.9—2017 互感器 第 9 部分：互感器的数字接口
9	JB/T 10056—1999 直流电流互感器技术条件
10	JJG 1156—2018 直流电压互感器检定规程
11	JJG 1157—2018 直流电流互感器检定规程

序号	标准名称
12	DL/T 377—2010 高压直流设备验收试验
13	DL/T 1394—2014 电子式电流、电压互感器校验仪技术条件
14	DL/T 1788—2017 高压直流互感器现场校验规范
15	DL/T 278—2012《直流电子式电流互感器技术监督导则》
16	T/CIS 17003—2019 电子式互感器测试仪

从表 5-1 中罗列了一部分直流互感器相关标准、技术规范中可看出，对于直流互感器检测工作，首先制订了直流互感器的国家标准，但根据直流互感器试验需求，逐步制订并颁布了直流互感器校验、检定规程规范。尤其在直流互感器的测量性能指标方面，先期的试验规范主要涉及误差准确度，近年对直流互感器宽频特性、阶跃响应特性相关指标试验方法、试验设备等规范在逐步完善。柔性直流工程快速建设，相应的对直流互感器各项性能提出了新要求，国家制造标准和相应试验规范也针对柔性直流做了相应的修编，后续随着我国直流工程的深入建设以及现场运行经验的积累，直流互感器相应标准和技术规范也会日趋完善。

5.2 直流互感器试验及标准依据

5.2.1 直流电流互感器试验及标准依据

直流输电系统直流电流测量装置目前分为两类：电子式直流电流测量装置和电磁式直流电流测量装置，直流电流电测装置又称直流电流互感器。直流电流互感器的准确级以额定电流下所规定的最大允许电流误差百分数来标称，标准准确级为：0.1，0.2，0.5，1.0，1.5。对于上述准确级的直流电流互感器，其电流误差应不超过表 5-2 所列限值。

表 5-2   电 流 误 差

准确级	在下列额定电流（%）下的电流误差±%				
	10%	20%	100%～120%	120%～300%（不含120%）	300%～600%（不含300%）
0.1	0.4	0.2	0.1	1.5	10
0.2	0.75	0.35	0.2		
0.5	1.5	0.75	0.5		
1.0	3.0	1.5	1.0	3、5、10	
1.5	4.5	2.25	1.5		

注　对于 1 和 1.5 级，110% 以上额定电流下的误差可从推荐值±3%、±5%、±10%中选取。

在最新国家标准中，直流电流互感器的频率响应要求规定为：对于 50～1200Hz，幅值误差不超过 3%，相角误差不超过 500μs，同时，直流电流互感器的频率响应试验要求如下：

测试其对频率为 1200Hz 及以下的正弦输入信号幅值和相位的测量误差，可仅在 50Hz 以及 50Hz 的偶次谐波频率下进行试验。

在 50～300Hz 时，施加方均根值为不小于 10%I_r 对应的正弦输入信号；在 300～1200Hz 时，施加方均根值为不小于 5%I_r 对应的正弦输入信号。其中，试验测得的频率响应特性应满足上述要求。直流电流互感器的阶跃响应要求规定如下：

（1）最大过冲小于 20%。

（2）上升时间（达到阶跃值 90% 的时间）。小于 250μs 和小于 100μs（柔性直流输电系统适用）。

（3）趋稳时间（幅值偏差不超过阶跃值 1.5%）小于 5ms。

在 GB/T 26216.1—2010 中，阶跃响应的上升时间为 400μs，在 2019 年最新颁布国家标准中，将其修改为 250μs，并增加 "<100μs（柔性直流输电系统适用）"。其中，对直流电流互感器的阶跃响应试验要求如下：

应进行下列电流阶跃试验：

    0p.u.   到   0.1p.u.

    0.1p.u.   到   0p.u.

以及下列电压阶跃试验：

    0p.u.   到   1p.u.

    1p.u.   到   0p.u.

    0.5p.u.   到   0.25p.u.

    0.5p.u.   到   0.75p.u.

在进行频率响应和阶跃响应时，也可根据用户的需求，测试响应的指标参数。2018 年国家颁布了直流电流互感器检定规程，主要是用于直流输电系统用直流电流互感器的首次检定、后续检定和使用中的检查，所包含的项目主要有：外观检查、直流耐压试验、绝缘电阻测量、极性检查、基本误差测量、周期稳定性。特别注意的是直流电流互感器极性，是直流电流从直流电流互感器的 P_1 端流入、P_2 端流出时，二次转换器的输出电压或数字量应为正值。一般情况下，极性检查与基本误差测量合并进行，被检直流电流互感器的 P_1 端、P_2 端分别与直流电源正端、负端相连，施加不大于 5％的额定电流，被检直流电流互感器的二次输出应为正值。

在进行直流互感器检定中，要求试验环境温度、湿度满足条件，在此基础上，环境电磁场干扰引起标准器的误差变化不大于被检直流电流互感器基本误差限的 1/20。标准直流电流互感器准确度等级应至少比被检互感器高两个等级，在检定环境条件下的实际误差不大于被检互感器误差限绝对值的 1/5。

而对误差测量装置的要求是示值分辨力应不低于被检直流电流互感器误差限的绝对值的 1/20，由误差测量装置引入的测量误差，应不大于被检直流电流互感器误差限绝对值的 1/10，同时要求误差测量装置在每个检定下进行连续 10 次测量，各检定点的基本误差为 10 次测量结果的平均值。

直流电源是直流互感器检定的核心设备，在检定中使用的直流电源应满足以下要求：第一是直流电源的纹波系数应小于1%。第二是由直流电源稳定性引起的误差应小于被检直流电流互感器允许误差的1/10。第三是检定中使用的直流电流源的电流调节装置应能保证输出电流由接近零值平稳地上升至被检直流电流互感器额定电流的110%。

5.2.2 直流电压互感器试验及标准依据

直流电压互感器又称直流电压测量装置，GB/T 26217—2019 中的 5.6 规定了整个电压测量装置的准确级，直流电压测量装置的准确级以额定电压下所规定的最大允许电压误差百分数来标称。电压测量范围：0.1p. u. ~ 1.5p. u.，标准准确级为：0.1，0.2，0.5，1.0。对于其准确级电压测量装置，电压误差应不超过表 5-3 所列限制。

表 5-3 准确级误差限制（精度）

准确级	在下列测量范围时，电压误差（%）			
	0.1p. u.	0.2p. u.	1.0p. u.	0.1p. u. ~1.5p. u.
0.1	±0.4	±0.2	±0.1	±0.3
0.2	±0.75	±0.35	±0.2	±0.5
0.5	±1.5	±0.75	±0.5	±1.0
1.0	±3.0	±1.5	±1.0	±3，±5，±10

相比与 GB/T 26217—2010 标准，在 GB/T 26217—2019 中对直流电压测量装置的准确级误差限制做了修编；同时，标准也对例行试验、现场试验的分压比、频率响应和阶跃响应做了相应的规定。其中对直流电压分压比试验的要求是：在直流电压测量装置量程内，在电压测量装置高压端施加从零到量程所允许的最大电压，进行高压端和低压端之间的直流电压分压比的测量。测量应在两种极性下进行，对于每一种极性的电压，应在 5 个以上大约等距的电压水平上进行测量。测量在 −40~85℃ 温度变化范围进行。在进行所有

电压分压比测量时，被测的电压测量装置应带有电气负荷，包括连接在其低压端的过电压保护单元。试验中的电气负荷应与受测电压测量装置在现场所带的负荷等值。测量的直流电压分压比与额定分压比的误差应满足表 5-3 的要求。

直流电压测量装置的暂态响应实际是二次电压对一次电压暂态变化的响应。而响应时间为从测量开始到响应达到并保持其最终稳定值在规定误差内的一段时间（或阶跃输入的对应输出上升到其终值规定百分率时所需的时间）。

直流电压测量装置的暂态响应一般通过阶跃电压响应进行测定。在直流电压测量装置的高压端施加测量范围 10% 以上的一个阶跃电压，在输出端测量输出电压曲线。测得的输出电压曲线应满足：响应时间不大于 $250\mu s$ 和不大于 $100\mu s$（柔性直流输电系统适用）。

直流电压测量装置的频率响应是在规定的测量频率范围内，当输入频率变化的正弦波信号时，输出量与输入量之幅值比及相位差随频率的变化。

频率响应试验是为了检测直流电压测量装置不同频率下的交流特性。在测量装置输入端分别施加频率为 50、100、200、300、400、500、600、700、800、900、1000、1200、2000Hz 和 3000Hz 的正弦波试验电压，进行频率响应特性测量，测量包括交流电压幅值（交流变比）和相位。输入电压可采用正弦波信号，或采用经用户同意的信号波形。试验输入电压值大于 1kV（方均根值）。测量的频率响应特性应满足：

1）频率（50~3000Hz）响应精度。幅值误差不大于 3%、相位误差不大于 $500\mu s$。

2）截止频率（-3dB）不小于 3kHz。

另外，在 2018 年颁布了 JJG 1056—2018《直流电压互感器检定规程》，在准确度试验中，根据规程 7.1.2 要求，在检定直流电压互感器时要求标准直流高压分压器的准确度等级应不低于表 5-4 的规定，同时应标明各分压比对应的输出电阻。

表 5-4　　　　　　　　　标准直流高压分压器的准确度等级要求

被检直流电压互感器	0.1 级	0.2 级	0.5 级	1 级
标准直流高压分压器	0.02 级	0.05 级	0.1 级	0.2 级

　　而对误差测量装置的要求为：①误差测量装置的基本误差是指分辨力应不低于被检直流电压互感器误差限绝对值的 1/20；②误差测量装置的测量误差，应不大于被检直流电压互感器误差限绝对值的 1/10；③误差测量装置输入阻抗引入的误差，应不大于被检直流互感器误差限绝对值的 1/50；④误差测量装置在每个检定点下进行连续 10 次测量，各检定点的基本误差为 10 次测量结果的平均值。

　　检定中使用的直流高压电源应满足以下要求：①直流高压电源稳定度应由于 0.1%/3min；②直流高压电源的纹波系数不大于 0.5%；③直流高压电源的电压调节装置应能保证输出电压由接近零值平稳连续地调到被检直流电压互感器的额定电压，直流高压电源的调节细度应不低于被检直流电压互感器额定电压值的 0.1%。

6 直流互感器检测关键技术与设备

本章介绍直流电子式电流互感器和直流电子式电压互感器的现场误差校准、频率及阶跃响应特性检测方法，同时对直流互感器所需的误差校准、频率及阶跃响应特性检测关键技术和设备进行了介绍。

6.1 直流电流互感器误差校准

6.1.1 误差校准方法

鉴于目前国内多数直流输电工程换流站的直流电流互感器本体与二次合并单元相距较远，合并单元多数采用 FT3 等数字通信协议且没有二次模拟量输出，同时也不提供接收同步信号的输入端口，造成现场无法利用外部同步信号方式进行校验工作。综合上述因素，采用基于绝对延时的直流电子式电流互感器异地同步现场校准方法如图 6-1 所示。

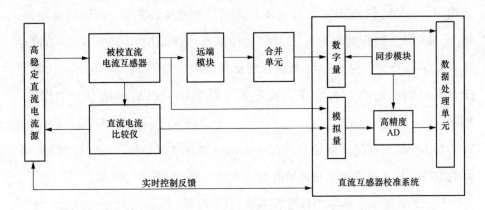

图 6-1　直流电子式电流互感器异地同步现场校准方法

在直流电流互感器校准时，高稳定直流电流源产生一次直流电流并通过被校直流电流互感器和直流电流比较仪，直流互感器校验系统中的模拟量接口采集直流电流比较仪二次电流作为标准信号，标准源信号和被校直流互感器信号在时钟同步模块的控制下进行同步采集，数字量接口接收合并单元的数字报文，并给数字报文打上时标，再减去直流互感器的绝对延时时间，使标准源和被校直流互感器的合并单元数字量同步，最后将采集的信号上传至数据分析处理单元进行误差计算，进而实现直流电流互感器准确度校准，直流电子式互感器校验仪中直流分量准确度比值误差计算公式为

$$\varepsilon = \frac{I_c - I_p}{I_p} \times 100\% \tag{6-1}$$

式中：I_c 为被校直流电流互感器电流值；I_p 为标准直流电流值。

直流电子式电流互感器的绝对延时时间，是指电子式互感器一次侧模拟量出现某一量值的时刻，到合并单元输出口将该模拟量对应的数字采样值送出的时刻，这两个时刻之间的间隔时间。该时间是直流电子式电流互感器将一次侧电量信息通过光纤信道传变到保护室控保设备的消耗时间。

直流电子式电流互感器的延时时间与传变交流电流时的相位差有直接的关联性，为了提高直流电流互感器的现场校准试验中绝对延时标定的准确度和可信度，结合实际现有设备，采用试验变压器提供 50 Hz 的电流源，将 0.01S 级工频标准电流互感器作为标准器（额定电流 2000A），通过电子式互感器校验仪完成直流电流互感器的时间特性测试。籍此，采用测量工频电流相位差的方法实现直流电流互感器的延时时间测试，如图 6-2 所示。

具体测试过程为工频稳态情况下实时采集标准源信号，同时接收合并单元的数字信号，在同一根时间轴上得到两者波形，如图 6-3 所示。

经过滤波算法，提取出标准源基波相位 $\Phi_{标准}$，试品基波相位 $\Phi_{试品}$。实测当前频率 f，由相位差换算出绝对延时时间为

$$\Delta t = (\Phi_{试品} - \Phi_{标准})/2\pi f \tag{6-2}$$

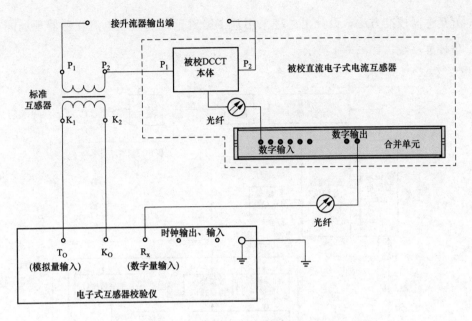

图 6-2 直流电子式电流互感器的绝对延时测试系统

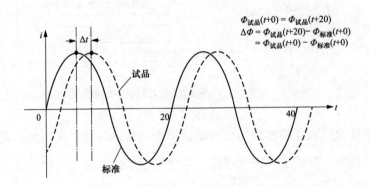

图 6-3 采用工频相位差反映直流电子式电流互感器延时时间示意图

6.1.2 校准系统设计

系统主要由高稳定直流电流源、直流电流比较仪、标准电阻器以及直流电子式互感器校验仪等设备组成。由于直流电流互感器的输出多为数字接口且传输的是一次电流值,现场校准需采用直接比较法原理。根据图 6-1 直流电流互感器校准方法，设计出一种采用基于绝对延时的直流电流互感器现场同步校准系统，如图 6-4 所示。

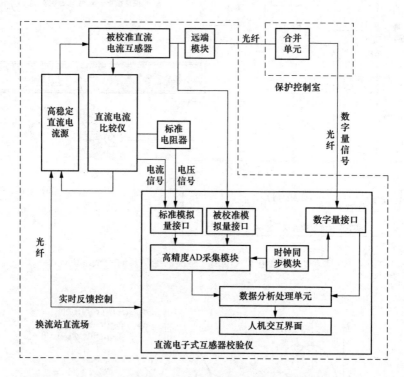

图 6-4　直流电子式电流互感器现场同步校准系统

为了简化直流互感器现场校验试验繁杂的作业程序，提高试验效率，降低人为失误率，设计了直流互感器一体化校验平台软件。该软件集成了对高稳定度直流大电流源的监控、对高稳定度直流电压源的监控以及对标准互感器和被测互感器的监控。

根据直流互感器一体化校验系统运行特点并结合现场试验已有的运行状况，要求直流互感器一体化校验平台软件实现以下的功能：

（1）监控高稳定度直流大电流源。主要实现监控电流源相应通信参数、开关机操作、就地/远程控制模式切换、输出电流设置、故障显示等功能。

（2）监控标准互感器和被测互感器。主要实现相应通信参数设置、试验次数设置、标准值与被测值读数描点显示、计算结果显示等功能。

（3）通信数据记录。系统内部不同组件之间的通信数据记录。

直流互感器一体化校验平台软件架构如图 6-5 所示。平台软件的架构从下到上分别为通信层、处理层和应用层。

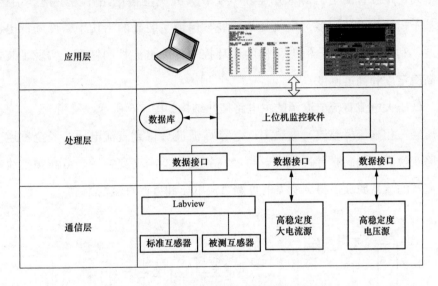

图 6-5　一体化校验平台软件架构示意图

通信层为与设备进行交互的最底层，主要实现与直流高稳定度大电流源、直流高稳定度电压源、标准和被测互感器之间的数据通信。与直流高稳定度大电流源和直流高稳定度电压源的物理通信方式均为串口 485，通信协议为标准 Modbus；与标准互感器和被测互感器之间的通信，以 LabVIEW 虚拟仪器软件作为媒介，LabVIEW 通过 GPIB 接口和（或）光纤网络接口读取标准互感器和被测互感器的测量设备读数后，也以串口 485 的通信方式将数据传输至平台软件。

处理层通过模块化的数据接口，完成对直流高稳定度大电流源、直流高稳定度电压源、标准和被测互感器的数据解析与存储入库，并为应用层提供数据支持。

应用层主要负责数据展示和人机交互操作。最终试验用户可通过应用层完成参数设置、设备控制与状态监视。

6.1.3　关键技术及设备

6.1.3.1　高稳定直流大电流源

高稳定度直流电流源采用全桥式 PWM 开关电源电路作为主拓扑结构，并基于模块化设计，多个模块交错并联，保证了装置的高功率密度和低电流纹波，利用标准器、分流器采样的双环控制提高电流控制精度，实现了装置的高稳定度和高准确度。

低压大电流直流电流源的主电路拓扑结构如图 6-6 所示，三相 380V 交流电压经三相整流桥整流，电感 L、电容 C 滤波后得到直流电压，经全桥逆变电路变换后得到高频脉冲电压，再经高频变压器隔离变换后，由高频整流器整流及滤波器滤波后得到所需的可调直流电压和可调直流电流。

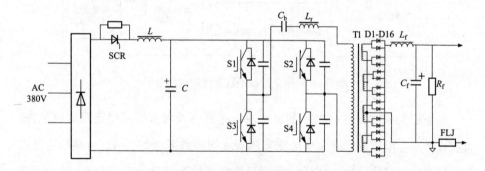

图 6-6　低压大电流直流电流源的主电路拓扑结构

高稳定度直流大电流二次侧采用自驱动方式的同步整流，充分利用变压器一次侧和二次侧的漏电感参数，将高频主变压器一次侧绕组、二次侧绕组以及自驱动变压器绕组采用集成设计封装为一体，实现变压器一次侧串联电感和二次侧输出电感的集成。高频变压器采用变压器二次侧绕组和散热器的一体化工艺设计，减小了散热体积要求，大幅提高了整体功率密度。通过模块化设计，进一步提高了整个电流源的功率密度，提高了系统输出电流的等级，以满足现场校验系统对标准电流源的要求。

为了满足直流互感器现场校验的要求，进一步提高直流电流源的输出电流质量，改善其纹波特性，对于参加并联运行的各个电源模块单元，可采用同步运行或交错运行控制方法，由于同步运行系统总的输出电流纹波是各模块输出电流纹波同步叠加，不利于滤波，因此并联系统较多地采用交错运行方式，电路中的各单元功率开关器件按照时序方式工作，驱动信号频率一致，相角相互错开而交替导通，具有抑制输出电流纹波、降低输出滤波器容量和扩大系统功率输出优点。

如图 6-7 所示为交错并联的模块化直流电流源组合方案。直流电流源的整体结构由多个单电流模源块组成，主控制器由外部 AD、液晶界面、通信等基本外部设备组成，它产生的电流指令和交错运行时钟信号分别进入各模块内部，再由各自独立控制设备产生驱动信号控制电流和电压的输出。由于每一个模块时钟有序错开，而开关频率相同，则系统输出电流的纹波使每一模块输出电流纹波得到最大限度的削减。

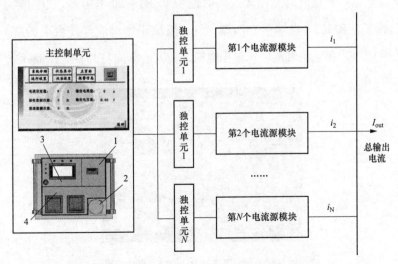

图 6-7　交错并联的模块化直流电流源组合方案

采用交错互联控制的电源纹波控制效果如图 6-8 所示。例如用两块 1000A 电流源模块并联,其输出电源达到 2000A,五个模块的并联可使电流达到 5000A。这样的做法不仅可以保证各个模块的电流精度,而且避免了各个模块之间的耦合干扰,也不会存在因 IGBT 的差异性而产生的均流问题。

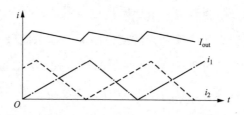

图 6-8 交错互联控制的电源纹波控制效果

6.1.3.2 直流电流比较仪

直流电流比较仪是直流大电流高精度测量与计量的专用仪器,它由测量环和辅助装置组成。直流电流互感器的输出多为数字接口且传输的是一次电流值,现场校准需采用直接比较法原理,作为标准器的直流电流比较仪准确度等级应高于 0.05 级。直流电流比例标准接线如图 6-9 所示,直流电流比较仪可直接显示电流读数。一般直流电流比较仪同时配备 0.2Ω 标准电阻器,电阻器串接于 K1(红端子)和 K2(黑端子)两端,红、黑端子和对应操作台上的红、黑端子。在使用中,在采用直流电源输出电流之前,必须先打开直流比例标准电源。

图 6-9 直流电流比例标准接线示意图

直流电流比较仪经国家高电压计量站校准，表 6-1 为校准结果，可以看出，直流电流比较仪整体准确度等级达到 0.005 级。

表 6-1 直流电流比较仪校准结果

量限	额定电流百分比	比值误差 (10^{-6})	不确定度 $U(10^{-6})(k=2)$	二次负载（Ω）
5000A/5A	10	+15	7	0.2
	20	−10	7	
	40	−5	7	
	60	0	7	
	80	0	7	
	100	0	7	

6.1.3.3 标准电流源的系统自校验技术

高稳定度直流大电流程控电源由于自身采样和控制技术的缺陷，难以满足优于 0.1% 或更高的稳定度和准确度。其主要原因在于自身分流器采样难以满足高精度和高准确度控制性能要求。而直流比较仪具有测量直流电流的高精度和高稳定度特点，基于上述原因，本系统采用直流比较仪作为高稳定度直流大电流程控电源的配套高精度电流采样器，是一种比较理想的采样方式。

为了使直流大电流源达到直流电流比例标准同等级的稳定度和准确度，采用直流电流比较仪作为直流电流采样环节，通过增加控制策略以确保设置电流与输出电流的误差，以提高直流电流源输出电流的稳定性和准确度，系统原理图如图 6-10 所示。

具体过程如下：高稳定度直流电流源通过就地或远程方式接收到电流指令信号后输出直流电流并流经标准直流电流比较仪，其模拟量输出信号经过二次转换器之后由数据采集卡同步采集标准信号，系统通过软件算法进行高稳定度直流大电流源的指令修正和预制，远程传输给直流电流源实现与直流比较仪同数量级的稳定度和准确度，将输出电流稳定度从 0.1% 提升至 10%

额定值以上到最大量程范围内稳定度优于 0.05%，达到一体化标准源的效果。针对高稳定直流电流源进行了准确度及稳定度试验，每个设置电流点持续输出时间为 10s，经现场试验高稳定直流电流源稳定度优于 0.05%，在 300A 和 1000A 时直流源输出的准确度优于 1%，在 2000～3000A 的直流源准确度优于 0.2%，额定电流的准确度优于 0.05%，满足现场校准 0.2 级直流电流互感器的要求。

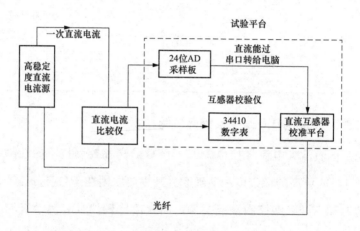

图 6-10　直流大电流比例标准系统原理图

6.1.3.4　基于异地同步和高精度 AD 采集的校验技术

在直流电流互感器现场校准中保证被校通道和标准通道两路信号的同步是校准系统的关键所在，否则校准计算的结果不能满足误差准确度要求。一般现场直流电流源中不仅包含着直流分量、谐波分量，甚至含有少量的非周期分量。加之现场易受外界电磁场及开关电源屏蔽效果干扰，现场得到的直流电流录波如图 6-11 所示。

为确保提取直流电流信号准确度和完备性，在直流电子式互感器校验仪设计时，A/D 转换器的精度是保证校验高精度的重要环节。A/D 转换器的误差可由式（6-3）得出

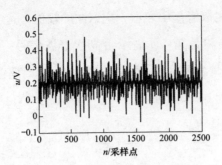

图 6-11　未经滤波的直流源输出信号

$$
\begin{cases}
\gamma_{AD} = \dfrac{\gamma_{max}}{U_{in}} \\[2mm]
\gamma_{max} = \pm\dfrac{d}{2} \\[2mm]
d = \dfrac{U_s}{2^N - 1}
\end{cases}
\tag{6-3}
$$

式中：N 为有效位数；γ_{AD} 为模数转换器误差；γ_{max} 为模数转换器最大误差；U_{in} 为校验仪设计模数转换器输入的额定电压；U_s 为校验仪满量程输入电压；d 为模数转换器能分辨最小模拟输入电压变化量，即模数转换的有效位数为

$$
\text{ENOB} = \frac{\text{SINAD} - 1.76}{6.02}
\tag{6-4}
$$

结合式（6-4），为了保证现场直流信号在 10%～100% 额定电流下采集的准确度，校验仪模数转换器采用 24 位多通道 ADC，为避免由于接地线和开关电源带入的噪声干扰，结构尽量减少开孔增强密封性，加强电磁屏蔽设计，并对重要的敏感元件使用专用屏蔽设计，整机加强散热控制温度，各环节综合保证模数转换的高精度、高线性度和高稳定度。

由图 6-11 可知，如果直接采用采样值作为直流分量将与实际偏差较大。直流源输出的电流为

$$
i(n) = D(n) + A(n) + \sum_{k=1}^{p} I_k \sin(\omega_k t + \theta_k)
\tag{6-5}
$$

式中：$i(n)$ 为电流离散值；I_k 表示 k 次谐波的幅值；ω_k、θ_k 分别为 k 次谐波信号的角频率和初始相位角；p 表示最高次谐波信号；$D(n)$ 为直流分量；$A(n)$ 为噪声干扰分量。现对式（6-5）在 1 个工频周期内进行积分运算，则式（6-5）中第 3 项为 0，即得到式（6-6）为

$$\sum_{n=1}^{N} i(n) = \sum_{n=1}^{N} D(n) + \sum_{n=1}^{N} A(n) + \sum_{n=1}^{N}\left[\sum_{k=1}^{p} I_k \sin(\omega_k t + \theta_k)\right] = D' + A' \quad (6\text{-}6)$$

式中：D' 和 A' 为 1 个周期内的积分，N 为采样电流离散值的总数。

实际工程中选取数据同步采集后的 10 个工频周期采样数据，按照式（6-7）计算直流分量，计算式可简化为

$$\bar{D} = \frac{1}{N}\sum_{n=1}^{n} i(n) \quad (6\text{-}7)$$

式中：$\bar{D}$ 为采用 10 个工频周期采样数据计算的直流分量。由式（6-7）可知，直接采用式（6-7）往往无法完全滤除掉高频干扰分量。现采用小波变换将标准信号和被测信号进行 6 层分解，时窗长度为 200ms，并选取直流分量所在的频带 a_0 小波系求取直流分量为

$$\bar{D} = \frac{1}{N}\sum_{n=1}^{N} i_{a_0}(n) \quad (6\text{-}8)$$

式中：$i_{a_0}(n)$ 为电流信号经过小波分解直流分量所在频率的电流离散值。

换流站中合并单元多数采用 FT3、TDM、IEC 61850 等协议进行通信，即使合并单元采用的通信协议数据帧格式是固定的，但不同生产厂家合并单元数据帧长短不同造成校验仪解析困难，为了解决多通信协议的自适应解析，基于 FPGA 实现 DCCT 的数字接口，并兼容了国内外直流互感器主流生产厂家所采用的规约协议，在试验前可通过校验仪的配置界面进行选择，以满足不同通信协议方式下直流电流互感器的现场校准。

6.1.4 校准系统不确定度

直流互感器现场校准结果可信度一直受到质疑，本项目结合现场校准系

统，构建了不确定度分析模型，对评定方法进行了深入研究，具体如下。

6.1.4.1　校准系统不确定度分析

根据图 6-4 的直流电流互感器现场测试系统得到其简化模型，如图 6-12 所示，ε_r 为测试通道输出的误差。为了更直观地了解其测试系统对测试结果的影响，假设直流源产生的一次直流电流 I_s 通过标准器和被测品，然后校验仪通过采集标准器和被测品的二次信号进行比值误差计算，并得出相应的试验结果。

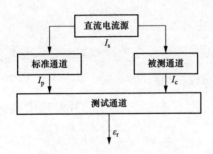

图 6-12　测试系统简化模型

图 6-12 中，I_s 表示直流电流源。引入式（6-9），来更为直观地描述引入误差对测试系统的影响

$$\varepsilon_r = \frac{\mid I_c \mid - \mid I_p \mid}{\mid I_p \mid} \times 100\% = \frac{\left(\frac{\mid I_c \mid}{\mid I_s \mid} - 1\right) - \left(\frac{\mid I_p \mid}{\mid I_s \mid} - 1\right)}{\left(\frac{\mid I_p \mid}{\mid I_s \mid} - 1\right) + 1}$$

$$= \frac{\varepsilon_c - \varepsilon_b}{\varepsilon_b + 1} \tag{6-9}$$

式中：ε_c 为被校测道实际输出的误差；ε_b 为标准通道引入的误差。

结合图 6-12 和式（6-9），影响直流电流互感器现场测试的误差主要有以下组成：

1）系统的测试通道测量重复性引入的不确定度分量 u_1，主要来自校验仪的分辨力、报文解析有效性、直流源输出性能等引入的误差，采用 A 类评定方法进行评定，并进行多组测量获得合并样本标准差，进而获得一个自由度较大的标准差。

2）系统的标准通道引入的不确定度分量 u_{21}。其中，u_{21} 主要是由直流电流比较仪和标准电阻器引入的不确定度。

3）系统中的直流电子式互感器校验仪高精度 AD 转换分别引入的不确定分量 u_{22}。u_{22} 主要来源于校验仪高精度取样电阻温度影响及 AD 采样环节等因素。

4）直流源输出稳定性及同步引入的不确定分量 u_{23}，由于采用了基于绝对延时的异地同步校准技术以及实时反馈控制的高稳定直流电流源，因此可忽略该不确定度分量对校准结果的影响。

各不确定度分量彼此不相关，合成标准不确定度表示为

$$u_c = \sqrt{u_1^2 + u_{21}^2 + u_{22}^2}\tag{6-10}$$

当采用直接电流比较法现场校准直流电流互感器时，通常要求直流电流源的稳定度给测量不确定度带来的影响不超过被校互感器误差限值的 1/10，若校准 0.2 级直流电流互感器，则直流电源的稳定度应大于 0.02%/min。而本书采用基于绝对延时的同步校准技术，校验系统通过高精度同步模块对标准器和被校互感器打上时标，采用光纤同步可达到很高的准确度，通过采集一定时窗数据通过数字滤波进行直流电流分量的提取，使得直流电流源的波动和高频分量的影响与直流互感器的准确度相比可忽略。

6.1.4.2 实验室校准试验与数据分析

为了验证校准系统的适用性，在实验室进行了直流互感器校准模拟试验，选择的被校直流电流互感器额定电流为 2000A，其合并单元的输出 FT3 数字量信号，准确度等级为 0.2。进行准确度校验时，采用所述基于绝对延时的直流电流互感器异地同步校准试验方案，高稳定直流源产生一次直流电流，经

过标准直流电流比较仪进入直流电子式互感器校验仪的模拟量接口，被校验直流电流互感器侧为合并单元输出经光纤接至直流电子式互感器校验仪 FT3 数字量接口，对每个测试点进行多次反复测量，并根据直流电子式互感器校验仪误差读数计算测量重复性引入的 A 类不确定度 u_1；同时，根据上级出具的校准证书可知直流电流比较仪以及直流电子式互感器校验仪引入的 B 类不确定度分量分别为 $u_{21} = 2.89 \times 10^{-5}$、$u_{22} = 1.67 \times 10^{-4}$。计算时取置信区间 $p = 95\%$，包含因子 $k = 2$，扩展不确定为 $U = 2u_c$，试验数据见表 6-2。

表 6-2　　　　　　　　　直流电流互感器比值误差校准结果

额定值（%）	标准源直流（A）	试品直流（A）	误差值（%）	扩展不确定度 U
10	199.7912	200.1034	0.1563	3.41×10^{-4}
20	399.8028	400.2290	0.1066	3.39×10^{-4}
50	1000.046	1000.2621	0.0216	3.39×10^{-4}
80	1600.4499	1600.3905	-0.0037	3.39×10^{-4}
100	2000.5301	2000.2201	-0.0155	3.39×10^{-4}

根据上述实验结果可以发现，被测直流电子式电流互感器的误差在 0.2% 以内，满足设计要求且在各校准点最大扩展不确定度为 3.41×10^{-4}。综上，对直流电流互感器现场校准系统不确定度进行来源分析和研究，给出了直流电流互感器现场校准不确定度评定方法，确保了直流电流互感器现场校准的可信度。

6.2　直流电压互感器误差校准

6.2.1　误差校准方法

在换流站现场中控系统不依赖于同步信号而运行，故直流电压互感器的合并单元一般不接同步对时信号且保护控制室合并单元二次输出一般距离直流分压器约 100m，采用如图 6-13 所示的直流电子式电压互感器现场同步闭环校准方法。其中，高稳定直流电压源给标准直流高压分压器、被校直流电压互感器提供一次直流电压，并产生可由直流电子式互感器校验仪进行比对分析的标准信号和被校信号，其中标准直流高压分压器二次输出标准模拟量信号，被校信号由保护室的 MU 输出。通过光纤从 MU 中引出带有 FT3 协议的信息量，这样使得整个校准系统能完成闭环测试，具备极高的精度和准确性。

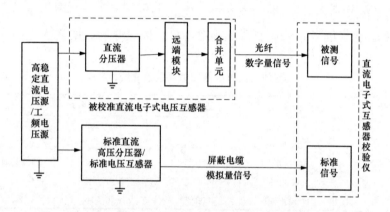

图 6-13 直流电子式电压互感器现场校准方法

由图 6-13 可知，直流电子式电压互感器的直流分压器经过两次分压、A/D转换以及合并单元插值同步及系数调整等，会产生一定的采样延时，一般通过如图 6-14 所示基于稳态电压的延时测试方法。

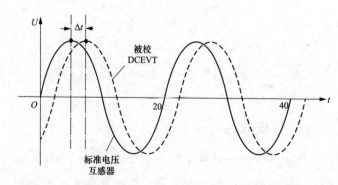

图 6-14 直流电子式电压互感器基于稳态电压的延时测试原理

直流电子式电压互感器延时测试原理如图 6-14 所示，在互感器一次侧施加稳定工频电压，校验仪同步检测合并单元输出的基波相位和一次侧电压基波相位，结合当前实测频率，由相位差换算出绝对延时时间，这样就通过测量工频电压相位差实现直流电子式电压互感器延时测试。

6.2.2　校准系统设计

根据图 6-13 的校准方法，设计高准确度的现场校准系统如图 6-15 所示，由直流电子式互感器校验仪、标准直流高压分压器及直流电压源等组成。现场校准时，电压源控制倍压筒产生高稳定直流一次电压提供给标准直流分压器和被校直流电子式电压互感器。标准二次电压信号进入校验仪的标准输入端口，通过六位半的数表完成高精度 A/D 转换。校验仪数字量接口接收 MU输出的 FT3 数字报文并进行解析，获得被校互感器的数据。时钟同步模块确

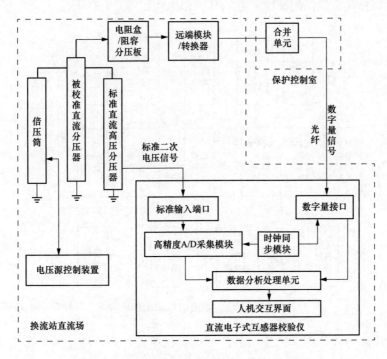

图 6-15　直流电子式电压互感器现场校准系统

53

保标准信号和被校信号同步采集，然后将测量数据发送到数据处理分析单元进行数据对比计算，比值误差公式为

$$\gamma = \frac{U_c - U_p}{U_p} \times 100\% \qquad (6\text{-}11)$$

式中：U_c 为被校直流电压互感器的值；U_p 为标准值。上述现场校准系统能够完成直流电子式互感器幅值测量、比值误差计算等工作。校准系统平台可参考图 6-5，此处不再详细说明。

6.2.3 关键技术及设备

6.2.3.1 高稳定直流电压源

高稳定度直流电压源采用多级电压预稳电路、高稳定低温漂取样电阻、多环节电压反馈电路等，输出的直流电压稳定度得到大幅度提高，电压漂移量极小，并具有极低的波纹系数，其工作原理如图 6-16 所示。

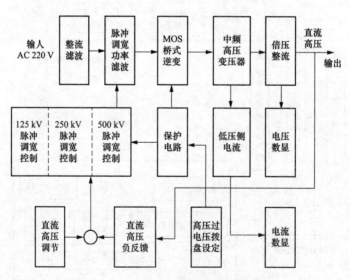

图 6-16 高稳定直流电压源工作原理图

其中脉冲调宽功率滤波中包含两级稳压电路，第一级稳压电路作为初始稳压电源，将滤波后带有较大纹波的直流电压稳压成纹波很小的直流电压作

为第二级稳压电路的输入电压；然后第二级脉冲调宽稳压电路为精密稳压电源且具有很高的电压输出精度，输出的电压信号与调节信号比对后，得到的误差信号经过加权控制，使得第一级脉冲调宽稳压电路稳定到给定电压附近，再由第二级脉冲调宽稳压电路将输出电压稳定到给定电压。

根据式（6-12）和式（6-13）进行直流电压源的稳定度计算

$$S_{max} = \frac{|U_{max} - U_0|}{U_0} \times 100\% \qquad (6\text{-}12)$$

$$S_{min} = \frac{|U_0 - U_{min}|}{U_0} \times 100\% \qquad (6\text{-}13)$$

式中：U_0 为该测试点 0min 的电压值；U_{max} 和 U_{min} 分别为在规定的测试时间内，对某一测试点测得的最大值和最小值，最后直流电压源稳定度在两者取大的一项。为了更为准确地测试直流电压源的稳定性，在高稳定直流源输出端分别连接 500kV/1mA、500kV/2mA、500kV/4mA 恒定负载（包括标准直流分压器）。标准直流分压器变比用 10000∶1 挡，分压器输出端接 6 位半高精度万用表 34401A（不加任何滤波措施）。高稳定直流电压源接通电源，预热 5min 后开始按各挡逐点进行测试。每测试点连续测试 3min，仪表自动测量为连续测量，并自动保持所记录到的最大值及最小值，并根据式（6-12）和式（6-13）进行计算，测试结果显示各点稳定度均小于 0.05%。

6.2.3.2 标准直流分压器

为了满足现场校准要求，作为基准的标准直流分压器准确度等级应达到 0.05 级。本项目研制采用基于电阻分压原理的标准直流分压器，影响标准直流分压器准确度等级有如下两个关键因素：

（1）首先是分压电阻的阻值变化影响测量准确度，阻值变化大小决定于所选电阻的温度系数和电阻的温度变化量。项目选用温度系数小的电阻元件，并通过采用额定功率远大于实际电阻的最大工作功率来减小阻值变化。为了提高标准直流分压器整体的稳定性，设计时则利用电阻的温度系数有正有负的特点，在串联时正负搭配使用电阻。

（2）电晕放电以及泄漏电流造成的测量误差，一般通过均压设计以及合适的均压罩结构减小电晕放电带来的误差，采用测量层电阻和屏蔽层电阻不但保证均压，也可减小旁路漏电流带来的影响；同时，为了减小绝缘支架漏电流带来的测量误差，设计时采用绝缘电阻大的结构材料。

结合以上分析研制的 500kV 标准直流高压分压器由主分压器和辅助分压器构成。其中主分压器由精密薄膜电阻串联组成，阻值为 1000MΩ，辅助分压器不参与分压比，仅起屏蔽作用，其阻值为 2000MΩ。直流分压器原理图如图 6-17 所示。

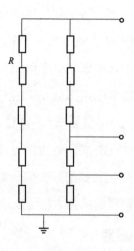

图 6-17　直流分压器原理图

为了满足现场校准需要，标准直流分压器的二次额定输出电压为 5V 和 50V 两个挡位，其分压比为 10^5 ∶1 和 10^5 ∶10。在实验室进行了标准直流分压器的校准，其结果见表 6-3 和表 6-4。其中分压比准确度满足现场校准使用。

表 6-3　　　　　　　　　　二次输出为 50V 时标准分压器校准结果

挡位	外施电压（kV）	差值电压 $\Delta U(mV)=U(检)-U(标)$	分压比	扩展不确定度 $U_{rel}(k=2)$
$10^5:10$	50	+0.662	10001.3/1	3×10^{-4}
	100	+0.659	10000.7/1	3×10^{-4}
	150	+0.569	10000.4/1	3×10^{-4}
	200	+0.495	10000.2/1	3×10^{-4}
	250	+0.460	10000.2/1	3×10^{-4}
	300	+0.620	10000.2/1	3×10^{-4}
	350	+0.275	10000.1/1	3×10^{-4}
	400	−0.538	9999.9/1	3×10^{-4}
	450	−0.725	9999.8/1	3×10^{-4}
	500	−0.737	9999.9/1	3×10^{-4}

实测分压比平均值为 10000.3/1

表 6-4　　　　　　　　　　二次输出为 5V 时标准分压器校准结果

挡位	外施电压（kV）	差值电压 $\Delta U(mV)=U(检)-U(标)$	分压比	扩展不确定度 $U_{rel}(k=2)$
$10^5:1$	50	+0.109	100022/1	3×10^{-4}
	100	−0.002	100000/1	3×10^{-4}
	150	−0.027	99998/1	3×10^{-4}
	200	−0.040	99998/1	3×10^{-4}
	250	−0.079	99997/1	3×10^{-4}
	300	−0.144	99995/1	3×10^{-4}
	350	−0.221	99994/1	3×10^{-4}
	400	−0.188	99995/1	3×10^{-4}
	450	−0.359	99992/1	3×10^{-4}
	500	−0.501	99990/1	3×10^{-4}

实测分压比平均值为 99998/1

　　为确保现场校验时标准直流高压分压器以及直流电压源的准确度，由于受技术和设备条件综合因素，一般采用计量器具核查的方法进行。作者所在电科院建立了 0～200kV 的直流分压器标准，即通过实验室核查数据来确保此次校准试验中标准直流分压器的准确度和可信度，如图 6-18 所示。

图 6-18　标准直流分压器准确度核查试验图

6.2.3.3　校准系统及流程

在直流电压互感器校准时，高精度六位半数字万用表测量标准互感器数据，协议转换模块通过光纤接收被校直流电压互感器合并单元的 FT3 格式数据并进行解析，获得被校互感器的数据，时钟同步模块同时给数字万用表和协议转换装置发送同步信号，使数字万用表和协议转换模块同时采集标准侧和试品侧互感器的数据，并将测量数据发送到上位机端校准平台进行数据对比计算，得到被测互感器的误差，具体的校准流程如图 6-19 所示。

校准系统采用的同步触发测量技术使得对校准试验用直流电源的稳定性要求大大降低，降低了电压源短时波动对误差的影响，并且实现标准数据和被校直流电子式电压互感器数据的同步控制采集和数据处理，降低了试验数据处理工作量，提高了现场工作效率。

6.2.4　校准系统不确定度

直流互感器现场校准结果可信度一直受到质疑，本项目结合现场校准系统，构建了不确定度分析模型，对评定方法进行了深入研究。

根据图 6-5 直流电压互感器现场校准系统得到其简化模型如图 6-20 所示。为了更为直观地了解其校准系统对试验结果的影响，假设直流电压源产生的

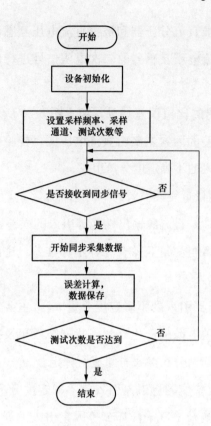

图 6-19   软件流程图

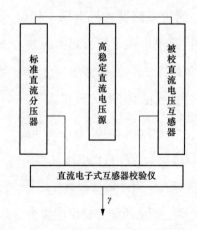

图 6-20   现场校准系统不确定度来源分析图

一次直流电压通过标准直流分压器和被校直流电压互感器，然后校验仪通过采集标准器和被校直流电压互感器的二次电压信号进行比值误差计算并得出相应的校准结果。

γ 为校准系统输出的比值误差结果，结合图 6-20 所示模型，影响被校直流电压互感器比值误差的因素主要由直流电压源、校验仪中标准信号采集以及标准直流分压器引入的不确定度分量组成。

1）校准系统的测量重复性引入的不确定度分量 u_1，主要来自校验仪的分辨力、报文解析有效性、直流源输出性能等引入的误差，并采用 A 类评定方法进行评定，并进行多组测量获得合并样本标准差，进而获得一个自由度较大的标准差。

2）标准直流分压器引入的不确定度分量 u_{21}，主要来源于标准直流分压器的准确度等级、开关电源的产生高频干扰屏蔽效果及换流站现场电磁干扰引起的误差，并按照均匀分布 B 类分量进行评定。

3）直流互感器校验仪测量误差引入的不确定度分量 u_{22}，主要来源于高精度取样电阻温度影响及 AD 采样环节等因素引入的误差，按照均匀分布 B 类分量进行评定。

4）现场校准系统中测量回路受外界电场干扰引入的不确定度分量 u_{23}，主要来源于校验中测量回路受电磁干扰引起的误差，该测量误差不大于被校直流电压互感器误差限值的 1/20，并按照均匀分布 B 类分量进行评定。各不确定度分量彼此不相关，合成标准不确定度按式（6-14）计算

$$u_{\mathrm{c}} = \sqrt{u_1^2 + u_{21}^2 + u_{22}^2 + u_{23}^2} \tag{6-14}$$

当采用直接电压比较法现场校准直流电压互感器时，通常要求高压电源的稳定度给测量不确定度带来的影响不超过被校互感器误差限值的 1/10，若校准 0.2 级直流电压互感器，则直流电压源的稳定度应小于 0.02%/min。采用基于绝对延时的同步校准技术，校验系统通过高精度同步模块对标准器和被校互

感器打上时标，采用光纤同步可达到很高的准确度，通过采集一定时窗数据通过数字滤波进行直流电压分量的提取，使得电源的波动和高频分量的影响与直流电压互感器的准确度相比可以忽略，从而大大降低对电压源稳定度的要求。

6.3　直流电流互感器频率响应检测

6.3.1　频率响应检测方法

直流系统在运行时含有大量的直流分量和部分谐波分量，尤其在直流系统出现扰动和故障时，谐波分量含量将随之增大，因此在现场测试直流电流互感器对直流分量的传变准确度时，需要测试其对谐波分量的频率响应特性，这样才能为直流系统控制和保护提供可靠、准确的信号。

交流分量从直流电子式电流互感器的一次传变到合并单元二次输出，整个传输链路复杂，势必在幅值、相位上有所改变，而频率响应试验目的主要是考核其对不同频率下的交流传变特性。目前针对直流电子式电流互感器的频率响应试验，国家标准中规定可通过在一次施加正弦高频电流信号来测量相位误差和幅值误差，并对施加谐波次数和电流幅值做了规定要求。

结合标准规范和现场实际，构建直流电流互感器频率响应检测方法如图 6-21 所示，其中被测直流电流互感器与标准谐波电流互感器、谐波电流源相连接，直流互感器高频校验仪采集标准谐波电流互感器和被测直流电流互感器的二次信号，然后将所采集数据转换传至数据处理单元，通过傅里叶变换求取不同频率下的幅值误差和相位误差，同时，也可根据复合误差公式计算出被测直流电流互感器的复合误差。

6.3.2　频率响应检测系统设计

根据图 6-21 所示的直流电流互感器频率检测方法，结合现场实际，建立如图 6-22 所示的直流电子式电流互感器的现场频率检测系统，其中包含直流电流互感器频率响应校验仪、工频电流测试设备和谐波电流源等设备。

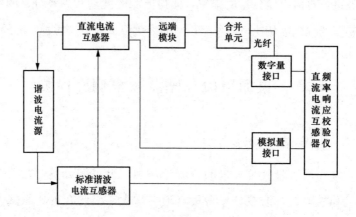

图 6-21　直流电流互感器频率响应检测方法

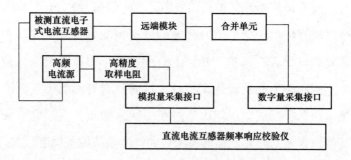

图 6-22　直流电子式电流互感器的频率响应检测系统

　　高频电流源采用信号发生器产生不同频率的谐波信号，通过功率放大器输出对应的谐波电流；同时，利用高精度取样电阻采集谐波标准小电压信号，作为测试系统的标准谐波信号，校验仪通过计算分析得到比值误差和相位误差，实现直流电流互感器现场频率特性的测试。其中，采用工频电流测试设备实现谐波电流源的现场比对验证，以确保谐波电流源在现场使用时的准确性、可靠性。

　　直流电流互感器频率响应校验仪结构框图如图 6-23 所示，主要由标准模拟量接口、高精度采集电路、被校数字量接口、同步数字量采集电路、时钟同步电路和 CPU 处理电路等组成。校验仪根据来自时钟同步电路的同步脉冲，同步采集标准模拟量信号，精确记录报文头到达时刻，将带有精确时标的采样报文传输给 CPU 处理电路进行计算分析，进而得到不同谐波次数下的幅值误差和相位误差。

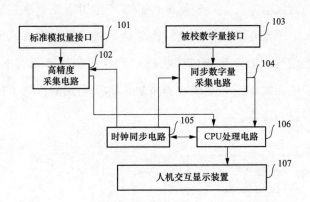

图 6-23　直流电流互感器频率响应校验仪结构框图

上述系统采用闭环检测能够完成直流电流互感器频率响应的幅值误差、相位偏移误差、复合误差等相关测试；同时具备直流电流互感器频率相应特性综合评价分析，实现对直流电流互感器的现场频率响应特性完整性检测，提高直流电流互感器现场频率响应特性试验的能力及效果。

6.3.3　直流叠加谐波的频率响应检测方法

直流输电系统在正常运行时，因换流变压器的作用使得系统在直流分量上叠加一定的谐波分量，这就要求直流互感器在此种工况下能很好地传变直流和谐波分量。以往直流电流互感器谐波试验仅考虑单次谐波下的检测，并未考虑直流叠加谐波分量下的直流互感器稳态误差及谐波响应特性。综合以上分析，建立如图 6-24 所示的直流电流互感器在直流分量叠加谐波分量下的检测方法及系统，即在直流电流互感器一次侧施加直流分量时并叠加不同频率交流分量用于频率响应特性测试，这样可更加切近直流互感器现场运行场景，对直流电流互感器频率响应特性进行更为完善的测评。

直流叠加谐波的频率响应检测系统主要包括直流叠加谐波电流发生器、被测直流电流互感器以及电子式互感器校验仪等。其中，直流叠加谐波电流发生器由信号发生器、功率放大器、电流输出单元以及标准电压取样器组成。其中直流叠加谐波电流发生器根据试验需要产生所需的电流并通过被测直流电流互感器，电子式互感器校验仪的标准信号接口接收来自标准电阻取样器采集到的标准信号，数字量接口接收通过光纤从合并单元引出的被测信号，并在时钟同步单元的作用下完成同步采集，将采集到的信息上传至数据分析处理单元进行误差计算。

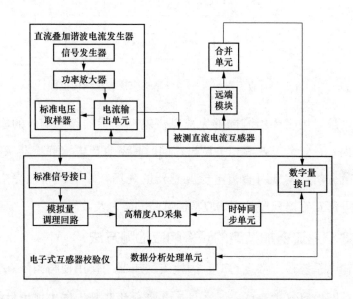

图 6-24　直流分量叠加谐波分量检测原理与系统

6.4　直流电压互感器频率响应检测

目前换流站直流测量装置与保护控制室中合并单元相距较远，由于大多数换流站合并单元采用数字通信协议且没有二次模拟量输出，合并单元也无法提供接收和输入的同步信号端口，不失一般性，建立如图 6-25 所示的基于绝对延时和双通道光纤传输的直流电压互感器频率检测系统。

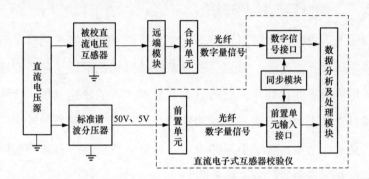

图 6-25　基于绝对延时和双通道光纤传输的直流电压互感器频率检测系统

在现场校验中标准分压器二次小电压信号传输易受干扰且现场高压试验一次和二次难以隔离。为了更好地完成直流电压互感器的频率响应试验，将标准谐波电压互感器信号就地高精度采集以及一次与二次设备之间的隔离，将互感器校验仪的高精度 AD 采集单元进行前置，使得转换成的数据序列通过光纤传输至直流电子式互感器校验仪前置单元输入接口。检测系统中谐波电压源提供不同频率下的交流电压信号，直流互感器校验仪前置单元输入接口接收标准直流分压器经前置单元转换的数字信号，在同步模块的驱动下，数字信号接口接收被校验直流电压互感器经合并单元的不同协议数字量（FT3 等）进行报文解析，最后将采集的信号上传至数据分析处理模块进行计算，进而实现直流电压互感器准确度校验。

在图 6-24 中，标准谐波电压互感器、直流电子式互感器校验仪和被测直流互感器构成一个同步测量回路，互感器校验仪通过同步采集标准器和被测直流互感器的二次值，通过协议解析、计算得到比值和相位误差，进而完成直流电压互感器的频率响应特性测量。

6.5 直流互感器阶跃响应检测

6.5.1 阶跃响应检测方法

直流输电工程的控制保护系统不仅要求直流互感器能在正常运行时准确测量直流电压和直流电流，而且要求在系统故障情况下能快速、准确获取暂态电压、电流瞬态变化响应。而随着柔性直流工程的快速发展，特别是多端特高压柔性直流工程的投运，其控制保护系统对直流互感器的频率响应、阶跃响应等宽频测量能力有了更高的要求。直流互感器进行暂态特性试验对保证直流输电系统安全运行来说意义重大。

建立如图 6-25 所示直流互感器阶跃响应特性测试系统框图，其中，阶跃电压或电流源产生一次信号，施加给被测直流互感器和标准器，互感器校验仪通过阶跃信号采集单元获取标准值以及被测直流互感器阶跃信号数字信号，实现直流互感器的阶跃响应特性检测。

如图 6-26 所示，在进行直流互感器暂态特性试验时，可通过阶跃源产生模拟故障模态下的信号，以便实现直流互感器在不同模态下的暂态传变特性测试，进一步提升直流互感器暂态响应特性测试的完整性。

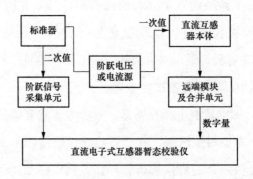

图 6-26 直流互感器阶跃响应特性测试系统框图

6.5.2　直流互感器阶跃响应检测系统

根据图 6-26 所示的直流互感器阶跃响应特性测试系统框图，设计出一种直流电流互感器阶跃响应特性检测系统框图如图 6-27 所示。直流电流互感器的阶跃响应特性检测系统中包含：仿真模块、信号发生器、功率放大器、信号回采模块、被测直流电流互感器以及直流互感器暂态校验仪等。其中仿真模块进行试验所需信号的仿真并输出波形，通过信号发生器将仿真波形转化为所需的模拟信号后，经过功率放大器产生所需要的试验电流。直流互感器暂态校验仪通过信号回采模块获得标准电流信号，同时接收被测直流电流互感器的二次数字信号，进行直流电流互感器相关指标的计算，完成阶跃响应试验。

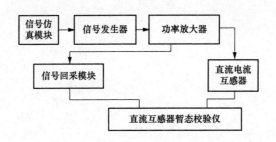

图 6-27　直流电流互感器阶跃响应特性检测系统框图

图 6-27 所示的直流电流互感器阶跃响应检测系统中的暂态校验仪结构如图 6-28 所示。直流互感器暂态校验仪包括模拟量采集模块、数字量采集模块、时钟同步模块和数据分析处理模块。

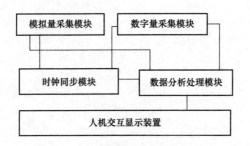

图 6-28　直流互感器暂态校验仪结构

　　其中，数据分析处理模块分别与模拟量采集模块、数字量采集模块和时钟同步模块相连接，模拟量采集模块和数字量采集模块分别与时钟同步模块相连接，模拟量采集模块接收标准阶跃电流信号、标准阶跃电压信号、被校直流电流互感器模拟量信号，将三个模拟信号进行模数转换成数字量信号传输到分析处理模块。数据分析处理模块根据模拟量采集模块和数字量采集模块上传的数据计算出直流电流互感器的阶跃响应时间、最大过冲以及趋稳时间等参数。

7 直流互感器检测案例分析

本章结合实际工程，介绍了直流电子式互感器的现场试验方案，以及直流互感器误差现场校验、频率响应和阶跃响应实例及数据分析，并对直流互感器的现场运维进行了简要介绍。

7.1 直流互感器现场试验方案

7.1.1 直流电压互感器现场试验方案

结合直流输电工程换流站现场实际情况，编制直流电压互感器现场试验方案。本试验方案适用于直流电子式电压互感器、直流电子式电流互感器的误差、频率响应及阶跃响应特性现场试验。以下介绍的主要是直流电压互感器误差现场校准试验方案，对于直流电压互感器的频率响应、阶跃响应试验方案可参考进行。

7.1.1.1 现场试验原理

在直流电压互感器安装后进行现场试验，现场试验主要有直流电压互感器的准确度、频率响应和阶跃响应试验，一般采用直接比较法进行测量，试验原理如图 6-15 所示。

7.1.1.2 现场试验设备

直流电压互感器现场校准试验的设备主要包含现场用高稳定度直流电压源、标准直流高压分压器、误差测量装置以及被校准的直流电压互感器，试验设备应满足现场试验所需要求。

7.1.1.3 现场需具备的工作条件

（1）由试验单位办理好进站工作的工作票。

（2）试验前，试验方应对试验设备进行全面检查，确保其能够可靠、安全运行。

（3）被试电压测量装置绝缘正常。

（4）环境温度应满足试验要求。

（5）试验电源低压断路器应带漏电保护，试验电源不得与其他工作共用。

（6）现场应具备一台不小于2t吊车及斗车（含司机与配合人员），用于设备吊装就位，拆被试品与架空线连接线，连接一次电压导线。

（7）必要时，换流站运维人员应组织协调施工方、测量装置及合并单元厂家在试验过程中进行全程配合。

（8）必要时，直流互感器设备厂家应配合做好二次输出信号的隔离，杜绝影响到非试验装置。

（9）必要时，直流互感器设备厂家及施工单位配合完成试验的一、二次侧接线及拆线工作，确保试验结束后设备状态恢复到试验前。

7.1.1.4　试验步骤及注意事项

（1）试验电源接线。试验前，应确认好试验设备的现场布局，试验设备定位后，即可将试验电源电缆通过开关（开关处于分闸状态）引至试验设备，并连接升压及标准分压器的电缆。为确保现场试验安全，试验电源接线工作应由两人配合完成。

（2）一次回路连接。用波纹管或软铜线连接升压设备，原连接线及一次回路导线要安全接地且要与试验设备保证足够的安全距离，避免在试验升压过程中出现放电闪络。

（3）二次回路连接。被试直流电压互感器的二次量应从保护控制室的合并单元通过光纤引出，一般要求光纤长度不小于200m。

（4）预通电测量。电源合闸后，平稳地升起一次电压至额定值$1\%\sim5\%$，观察电源设备的电压、电流是否正常，被试电压测量装置极性是否正常，误差是否满足限值要求。如未发现异常，可升到测量额定电压值10%、20%、50%、80%、100%分别进行测量。如果现场条件或被试品厂家特别要求时，可适当减小测量电压或减少测量点。

（5）误差测量。以现场标准0.2级的直流电压互感器为例，需要满足表7-1限值范围。

表7-1		准确度为0.2级的误差范围		（%）
准确级	0.1p.u.	0.2p.u.	1.0p.u.	0.1p.u.～1.5p.u.
0.2	±0.75	±0.35	±0.2	±0.5

（6）测量完毕后，更改二次接线，对其他变比进行试验，测量全部变比后，拆除一、二次试验接线，恢复运行接线。

（7）当天测试任务结束后，清理现场，妥善保管好试验设备。

7.1.1.5 危险源及环境因素分析

（1）接地端（G端）必须可靠接入大地。

（2）保持标准直流分压器表面清洁、干燥。

（3）高压导线应悬空，并高于分压器且高压导线光滑无尖端以免电晕放电。

（4）使用时，输入高压应均匀上升。

（5）使用时，应保证直法分压器的安全距离以内没有接地物体。

（6）标准直流分压器的5V端子和50V端子不能同时使用。

（7）设备吊装时发生人员或设备碰擦。

（8）接线时压接不牢固、接线错误导致设备损坏。

（9）试验电压过高导致设备或被试电压测量装置损坏。

（10）交叉作业协调失误造成安全隐患。

（11）试验开展过程中临时降雨造成的设备损害。

（12）二次电压信号串入其他非试验装置或回路，导致误发信号或误动事件的发生。

（13）试验过程中隔离措施不到位，导致试验电压串入非试验一次设备意外事件的发生。

（14）试验接线及拆线过程中防控措施不到位，导致人员、试验辅助设备发生高空坠落事件。

（15）试验过程中由于隔离及监护不到位，人员进入试验区域，导致人身触电事故的发生。

7.1.1.6　安全措施

（1）进入试验现场，试验人员必须戴安全帽。

（2）现场试验工作必须执行工作票制度，工作许可制度，工作监护制度，工作间断、转移和终结制度。

（3）试验现场应装设遮栏或围栏，悬挂"止步，高压危险！"的标识牌，并有专人监护，严禁非试验人员进入试验场地。

（4）进行电源接线时，电源盘应保持分闸状态，首先接通电源盘输出端与升压设备的接线，检查无误后，再连接供电电源和电源盘输入端，确认电压无误后再合闸。

（5）在没有进行试验的时候，电源盘必须在关闭状态。

（6）试验器具的金属外壳应可靠接地，试验仪器与设备的接线应牢固可靠。

（7）工作中如需使用梯子等登高工具时，应做好防止瓷件损坏和人员高空摔跌的安全措施。

（8）试验装置的电源开关，应使用具有明显断开点的双极隔离开关，并有可靠的过载保护装置。

（9）开始试验前，负责人应对全体试验人员详细说明在试验区应注意的安全注意事项。

（10）试验过程应有人监护并呼唱，试验人员在试验过程中注意力应高度集中，防止异常情况的发生。当出现异常情况时，应立即停止试验，查明原因后，方可继续试验。

（11）变更接线或试验结束时，应首先将升压设备回零并关机，然后断开电源侧隔离开关，然后对被试设备放电，并将接地线挂在被试设备一次线上，直到试验升压时，将接地线取下。

（12）试验结束后，试验人员应拆除试验临时接地线，并对被试设备进行检查和清理现场。

（13）试验应在天气良好的情况下进行，遇雷雨大风等天气应停止试验。

（14）试验前应做好二次输出信号的隔离，杜绝影响到非试验装置。试验过程中对非试验的一次设备进行隔离措施，杜绝试验电压串入非试验一次设备意外事件的发生。

（15）必要时设备厂家及施工单位应配合完成试验的一、二次侧接线及拆线工作，确保试验结束后设备状态恢复到试验前。

7.1.2　直流电流互感器现场试验方案

7.1.2.1　现场试验原理

在直流电流互感器安装后进行现场试验，试验项目主要有直流电流互感器的精度校验、频率响应和阶跃响应试验，现场一般采用直接比较法进行试验，以下介绍的主要是直流电流互感器精度现场校准试验方案，试验原理及接线如图 7-1 所示。而直流电流互感器相关的频率响应、阶跃响应现场试验与之相似，也可参照进行。

高稳定直流电流源在接收到试验控制平台的电流指令信号后输出直流大电流，一次直流大电流流经直流电流比例标准和被校直流电流互感器。在被校直流电流互感器的二次端（保护控制室合并单元所在地），合并单元输出的二次信号（一般为数字量 FT3 协议）通过光纤传至直流电子式互感器校验仪。在换流站的直流场（即直流电流源和直流电流比例标准所在地），直流电子式互感器校验仪对电流标准器的二次转换模拟信号进行采样，其中被校直流电流互感器和标准器两端的二次信号通过精确同步采集，最后将采集的数据进行误差计算，并得到试验结果。直流互感器试验控制平台主要是提供对电源设备控制以及对直流互感器校验仪中的数据分析处理及显示。以现场校准 0.2 级的直流电流互感器为例，需满足表 7-2 限值范围。

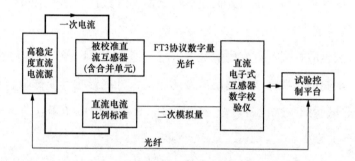

图 7-1　直流电流互感器现场试验原理及接线

表 7-2　　　　　准确度为 0.2 级在下列额定电流下的电流误差　　　　　（±%）

准确级	0.1p.u.	0.2p.u.	1.0p.u.～1.2p.u.
0.2	0.75	0.35	0.2

直流电流测量装置频率响应测试。根据现场试验情况，按照 GB/T 26216.1—2010 第 7.4.6 条款执行，测量 50Hz 时的幅值和相角。若幅值误差小于 ±0.5%、相位误差小于 500μs 则合格。

7.1.2.2　现场试验设备

直流电流互感器现场校准试验设备包括：高稳定度直流大电流源、同步数据采集装置及直流测量装置校验仪、高精度直流电流比较仪、被校准的测量装置。

7.1.2.3　试验步骤

（1）试验前的检查。检查试验设备并确认现场布局、设备摆放、线路走向。

（2）系统接线。将被检直流电流源移至被检测量装置的近端，从电源正极引出电流导线，穿过直流电流比例标准，连接至被检测量装置在一次极线上正端，从电源负极引出电流导线，接至被检测量装置在一次极上的负端。直流校验仪连接被检测和检测的二次信号。其中合并单元的数字量信号用200m长光纤连接。

（3）升流。测量点选为 11 个点：0、10%、20%、30%、40%、50%、60%、70%、80%、90%、100%。每个测试点上升和下降各做一次。数据采集速率均为 1 次/1s，数据采集时间 10s，测量结果取其平均值。

（4）试验收尾。一次接地，拆卸设备。

7.1.2.4　危险源及环境因素分析

（1）接地端必须可靠接入大地，接线本身的正负方向必须正确。

（2）电源设备的接线方式为三相四线，在现场进行试验接线时务必按此方法接线并进行核查。

（3）现场使用的高精度直流电流比较仪二次侧严禁开路。

（4）根据待试验的直流电流互感器额定电流来进行一次升流，并设置合理的量程且高稳定直流电流源不可长期运行在最大额定电流。

（5）要求必须在试验设备及被试周围设置安全围栏并有专人监护，一旦发现异常，应立刻断开电源并停止试验。

（6）试验时应记录环境温度和湿度，下雨天不适合做本试验，试验开展过程中临时降雨会造成的设备损害。

（7）设备吊装时避免发生人员或设备碰擦。

（8）接线时压接不牢固、接线错误导致设备损坏。

（9）试验电流过大导致设备或被试电流测量装置损坏。

（10）交叉作业协调失误造成安全隐患。

（11）二次电流信号串入其他非试验装置或回路，导致误发信号或误动作事件的发生。

（12）试验过程中隔离措施不到位，导致试验电流串入非试验一次设备意外事件的发生。

（13）试验接线及拆线过程中防控措施不到位，导致人员、试验辅助设备发生高空坠落事件。

（14）试验过程中由于隔离及监护不到位，人员进入试验区域，导致人身触电事故的发生。

7.1.2.5 安全措施

（1）进入试验现场，试验人员必须戴安全帽。

（2）现场试验工作必须执行工作票制度，工作许可制度，工作监护制度，工作间断、转移和终结制度。

（3）试验现场应装设遮栏或围栏，悬挂"止步，高压危险！"的标识牌，并有专人监护，严禁非试验人员进入试验场地。

（4）进行电源接线时，电源盘应保持分闸状态，首先接通电源盘输出端与升压设备的接线，检查无误后，再连接供电电源和电源盘输入端，确认电压无误后再合闸。

（5）在没有进行试验时，电源盘必须在关闭状态。

（6）试验器具的金属外壳应可靠接地，试验仪器与设备的接线应牢固可靠。

（7）工作中如需使用梯子等登高工具时，应做好防止瓷件损坏和人员高空摔跌的安全措施。

（8）试验装置的电源开关应使用具有明显断开点的双极隔离开关，并有可靠的过载保护装置。

（9）开始试验前，负责人应对全体试验人员详细说明在试验区应注意的安全注意事项。

（10）试验过程应有人监护并呼唱，试验人员在试验过程中注意力应高度集中，防止异常情况的发生。当出现异常情况时，应立即停止试验，查明原因后，方可继续试验。

（11）变更接线或试验结束时，应首先将升流设备回零并关机，然后断开电源侧隔离开关。

（12）试验结束后，试验人员应拆除试验临时接地线，并对被试设备进行检查和清理现场。

（13）试验前应做好二次输出信号的隔离，杜绝影响到非试验装置。试验过程中对非试验的一次设备进行隔离措施，杜绝试验电压串入非试验一次设备意外事件的发生。

（14）设备厂家及施工单位配合完成试验的一、二次侧接线及拆线工作，确保试验结束后设备状态恢复到试验前。

7.2 现场试验与数据分析

7.2.1 直流互感器现场误差校验

7.2.1.1 直流电流互感器现场校验与数据分析

根据现场直流互感器校验的需要，建立了试验环境和试验方法。参考 GB/T 26216.1—2019《高压直流输电系统直流电流测量装置 第1部分：电子式直流电流测量装置》和 JJG 1157—2018《直流电流互感器检定规程》等标准规范研制了直流电流互感器现场测试系统，用于直流电流互感器的准确度试验。

由于直流工程换流站中合并单元采用 FT3 数字协议，采样频率为 10kHz，没有二次模拟量输出，合并单元不提供接收同步信号端口，因此无法利用外部同步信号方式进行测试，即现场采用"绝对延时测试法"进行测试试验，对极 I 高压直流母线直流分流器进行现场校准。由于永富直流工程换流站中合并单元采用 FT3 数字协议，DCCT 采样频率为 10kHz，没有二次模拟量输出，合并单元不提供接收和输入的同步信号端口，即现场采用"绝对延时测试法"进行校准试验。现场校准结果见表 7-3，图 7-2 为极线直流电流互感器现场校准试验。

表 7-3　　　　　　　　直流电流互感器比值误差校准结果

额定值（%）		10	20	50	80	100
比值误差（%）	上升值	−0.094	−0.051	−0.007	−0.003	−0.004
	下降值	−0.099	−0.053	−0.007	−0.004	—

图 7-2　极线直流电流互感器现场校准试验

从表 7-3 中可以看出，直流电流互感器的变差最大为 0.005，小于误差限值的 1/3。现场试验中每个额定电流百分比下进行 10 次重复测试，并根据直流电子式互感器校验仪误差读数计算测量重复性引入的 A 类不确定度 u_1；同时，根据上级出具的校准证书可知直流电流比较仪以及直流电子式互感器校验仪引入的 B 类不确定度分量分别为 $u_{21}=2.89\times10^{-5}$、$u_{22}=1.67\times10^{-4}$。计算时取置信区间 $p=95\%$，包含因子 $k=2$，扩展不确定为 $U=2u_c$，计算校准结果的扩展不确定度和比值误差平均值见表 7-4。

表 7-4　　　　　　　　校准系统不确定度评定结果

额定值（%）	误差平均值	A 类	B 类		扩展不确定度 U
		u_1	u_{21}	u_{22}	
10	−0.095	1.5×10^{-5}			3.40×10^{-4}
20	−0.053	1.8×10^{-5}			3.41×10^{-4}
50	−0.007	9.5×10^{-6}	2.89×10^{-5}	1.67×10^{-4}	3.39×10^{-4}
80	−0.004	7.0×10^{-6}			3.39×10^{-4}
100	−0.004	5.3×10^{-6}			3.39×10^{-4}

从表 7-4 计算结果表明，校准系统的整体不确定度优于 0.05 级的准确度等级。直流互感器的误差满足 0.2 级准确度要求。

7.2.1.2　直流电子式电压互感器现场校验与数据分析

根据现场校准的需要，建立校准试验环境和试验方法，构建现场闭环校准系统。表 7-5 为某直流工程换流站极 II 线路直流电子式电压互感器在安装前的精度试验结果。

表 7-5　　　某直流工程换流站极 II 线路直流电子式电压互感器
在安装前的精度试验结果

额定电压百分比	比值误差（%）
10%	+0.108
20%	+0.029
80%	−0.025
100%	−0.029

　　在换流站现场进行校准时，将二次信号进行必要的隔离，做好安全措施。极Ⅱ极线直流电压互感器在换流站正常运行一年后，按照预试定检规程和换流站运维人员的要求，在现场进行了 10％ 额定电压下现场同步校准试验，图 7-3 为现场校准试验。

图 7-3　直流电压互感器的现场校准试验

　　通过 10 次比值误差计算测量重复性，标准器和校验仪带来不确定度分量可从校准证书获取，结合现场校验回路干扰引入的分量，计算出扩展不确定度，见表 7-6。

表 7-6　　　　　　　　　　直流电压互感器现场校准结果

额定电压百分比	比值误差（％）	扩展不确定度 U
10％	＋0.099	0.66×10^{-3}

7.2.2　直流互感器频率和阶跃响应试验

　　在进行某直流工程换流站直流电流互感器的频率响应和暂态阶跃特性现场试验时，采用了江苏凌创电气自动化股份有限责任公司提供的直流互感器校验仪、高频及暂态阶跃电流源等设备，设备可产生 600A 的高频及暂态阶跃电流源。其中工频电流测试设备参数见表 7-7。

表 7-7　　　　　　　　　　　　**工频电流测试设备参数**

设备名称	额定电流（A）	额定频率	准确度等级
工频升流器	0～2000	50Hz	—
工频标准电流互感器	0～2000/5	50Hz	0.01S

在现场进行直流电流互感器阶跃响应和频率响应时，由高频及暂态阶跃电流源产生试验的所需信号，具体波形和试验数据如图 7-4 和图 7-5 所示。

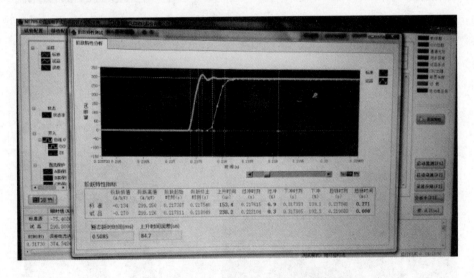

图 7-4　直流电流互感器暂态阶跃试验波形图

相对于直流电流互感器而言，直流电压互感器的阶跃响应和频率响应需要高频电压源、方波电压源及相应标准器。一般在现场进行直流电压互感器频率响应时，可采用工频标准电压互感器完成 50Hz 的频率响应试验。图 7-6 是采用冲击电压发生器进行直流电压互感器暂态响应试验。

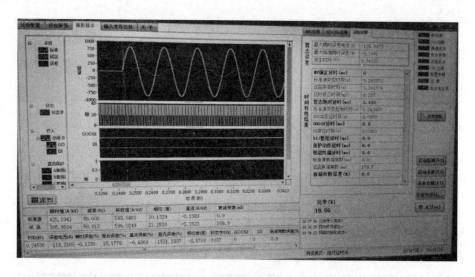

图 7-5　直流电流互感器频率响应试验波形图

图 7-6　直流电压互感器暂态响应试验波形图

若具备高电压等级的宽频电压源、方波电压源等试验装置，则可进行直流电压互感器的暂态特性参数测试、评价。

7.3 直流互感器现场运维

7.3.1 直流电流互感器现场运维

为加强直流输电系统用直流电子式电流互感器的现场运行管理，提高其安全可靠运行水平，制订了 DL/T 278—2012《直流电子式电流互感器技术监督导则》，涵盖现场运行监督试验项目、试验方法和试验周期等内容。

换流站运行人员会根据编制的直流电流互感器维护检修手册开展日常的检修，保障设备的健康运行，一般包含需要停电进行的整体检查、维修、试验工作，以及局部检查、维修、更换、试验工作，同时还有不需要停电进行的检查、维修、更换、试验工作，即日常巡视过程中需对设备开展的检查、试验、维护工作。另外在特定条件下开展专业巡维，针对直流互感器开展的诊断性检查、特巡、维修、更换、试验工作。

直流电流互感器的日常巡视检查，重点检查产品的接地是否良好，外观有无异常，并查看各远端模块的驱动电流和数据电平是否在合格范围内，主要包含红外测温、紫外巡视、金属部件检查、接地扁铁检查、悬式复合绝缘子检查、运行声响检查、远端模块的驱动电流检测，合并单元数据电平检测和合并单元检查等。例如，针对某直流工程的直流互感器，正常运行时远端模块的激光驱动电流小于 800mA，当驱动电流大于 800mA 时，合并单元会给出报警信号，当驱动电流大于 1200mA 时，合并单元会关闭激光器。正常运行时合并单元接收远端模块的数据电平大于 900mV，当数据电平小于 900mV时，合并单元会给出报警信号；当数据电平小于 650mV 时，合并单元会置数据输出无效标志。

7.3.2 直流电压互感器现场运维

对于直流电压互感器而言，日常巡视检查重点检查产品的接地是否良好，外观有无异常，并查看各远端模块的驱动电流和数据电平是否在合格范围内，主要包含红外测温、紫外巡视、金属部件检查、接地扁铁检查、悬式复合绝缘子检查、运行声响检查、SF_6 气体泄漏检查、远端模块的驱动电流检测，合并单元数据电平检测和合并单元检查等。

参 考 文 献

[1]　马为民，樊纪超．特高压直流输电系统规划设计［J］．高电压技术，2015，41（8）：2545-2549．

[2]　汤广福，温家良，贺之渊，等．大功率电力电子装置等效试验方法及其在电力系统中的应用［J］．中国电机工程学报，2008（36）：1-9．

[3]　饶宏，张东辉，赵晓斌，等．特高压直流输电的实践和分析［J］．高电压技术，2015，41（8）：2481-2488．

[4]　中国南方电网超高压输电公司．高压直流输电系统设备典型故障分析［M］．北京：中国电力出版社，2009．

[5]　束洪春，王璇，田鑫萃，等．交流故障下永富直流换流器差动保护误动风险分析［J］．高电压技术，2018，44（2）：478-487．

[6]　梁旭明，张平，常勇．高压直流输电技术现状及发展前景［J］．电网技术，2012，36（4）：1-9．

[7]　肖智宏，罗苏南，宋璇坤，等．电子式互感器原理与实用技术［M］．北京：中国电力出版社，2018．

[8]　赵有斌，赵华锋．直流输电用±500kV 电压传感器及电流传感器的研制［J］．高压电器，2005，41（4）：299-300，303．

[9]　GB/T 20840.8 互感器第八部分：电子式电流互感器［S］，2007．

[10]　刘延冰，李红斌，叶国雄，等．电子式互感器原理、技术及应用［M］．北京：科学出版社，2009．

[11]　束洪春，林敏．电流互感器暂态数学建模及其仿真的比较研究［J］电网技术．2003（04）．

[12]　李亚男，蒋维勇，余世峰，等．舟山多端柔性直流输电工程系统设计［J］．高电压技术，2014，40（08）：2490-2496．

[13] 胡浩亮，吴伟将，雷民，等. 计量用合并单元及电子式互感器计量接口规范化探讨 [J]. 电网技术，2014，38（5）：1411-1419.

[14] 费烨，王静静. 高压直流互感器实用技术书 [M]. 北京，中国电力出版社，2016.

[15] 程云国，刘会金，李云霞，等. 光学电压互感器的基本原理与研究现状 [J]. 电力自动化设备，2004，24（5）：87-90.

[16] 张冈，王程远，陈幼平；PCB空心线圈电流传感器的暂态特性 [J]. 电工技术学报，2010，24（11）：85-89.

[17] 张霖，吕艳萍. 光电式电流互感器传感特性仿真分析 [J]. 电力自动化设备，2008，28（9）：68-71.

[18] 马永跃，黄梅. 数字量输出型电子式互感器校验系统的研制 [J]. 电力系统保护与控制，2010，38（1）：83-86.

[19] 束洪春，田鑫萃，白冰，陈挥瀚. 基于多测点的特高压长距离直流输电线路行波故障测距 [J]. 高电压技术，2017，43（7）：2105-2113.

[20] 胡灿. 超/特高压直流互感器现场校验技术及装置 [M]. 北京：中国电力出版社，2013.

[21] 杨柳，黎小林，许树楷，等. 南澳多端柔性直流输电示范工程系统集成设计方案 [J]. 南方电网技术，2015，9（01）：63-67.

[22] 朱梦梦，罗强，曹敏，束洪春，等. 电子式电流互感器传变特性测试与分析 [J]. 电力系统自动化，2018，42（24）：143-156.

[23] 何瑞文，蔡泽祥，王奕，等. 空心线圈电流互感器传变特性及其对继电保护的适应性分析 [J]. 电网技术，2013，37（5）：1471-1476.

[24] 肖浩，刘博阳，湾世伟，等. 全光纤电流互感器的温度误差补偿技术 [J]. 电力系统自动化，2011，35（21）：91-95.

[25] 王娜，万全，邵霞，等. 全光纤电流互感器的建模与仿真技术研究 [J]. 湖南大学学报：自然科学版，2011，38（10）：44-49.

[26] 李艳鹏，侯启方，刘承志. 非周期分量对电流互感器暂态饱和的影响 [J]. 电力自动化设备，2006，26（8）：15-18.

[27] 王立辉，伍雪峰，孙健，等. 光纤电流互感器噪声特征及建模方法研究 [J]. 电力系统保护与控制，2011，39（1）：62-66.

[28] 李鹤，李前，章述汉，等. 直流输电用零磁通直流电流互感器的研制 [J]. 高电压技术，2012，38（11）：2981-2985.

[29] 李岩，朱静，周晓琴，等. HVDC 换流站电流特性分析及测量装置的选取 [J]. 高电压技术，2009，35（5）：216-220.

[30] 束洪春. 电力工程信号处理应用 [M]. 北京：科学出版社，2009.

[31] 罗苏南，曹冬明，王耀，等. ±800kV 特高压直流全光纤电流互感器研制及应用研究 [J]. 高压电器，2016，52（10）：1-7.

[32] 费烨，王晓琪，汪本进，等. ±1000kV 特高压直流互感器的选型与研制 [J]. 高电压技术，2010，36（10）：2380-2387.

[33] 费烨，王晓琪，罗纯坚，等. ±1000kV 特高压直流电流互感器选型及结构设计 [J]. 高压电器，2012，48（1）：7-12，16.

[34] 王旭. 直流输电线路保护的研究 [J]. 云南电力技术，2015，43（4）：86-88.

[35] 彭俊春，钱卫华，赵庆丽，方豪. 直流输电运行对云南电网的影响研究 [J]. 云南电力技术，2015，43（3）：17-19.

[36] 李前，李鹤，周一飞，等. ±800kV 直流输电系统换流站直流电流互感器现场校准技术 [J]. 高电压技术，2011，37（12）：3053-3058.

[37] 章述汉，周一飞，李登云，等. ±800kV 换流站直流电压互感器现场校准试验 [J]. 高电压技术，2011，37（9）：2119-2125.

[38] 朱梦梦. 直流电子式电压互感器测试方法研究与应用 [J]. 云南：云南电力技术，2018，46（02）：69-72.

[39] 刘彬，叶国雄，郭克勤，等. 电子式互感器性能检测及问题分析 [J]. 高电压技术，2012，38（11）：2972-2980.

[40] 朱梦梦. 直流电流互感器应用分析及测试方法研究 [J]. 云南电力技术，2017，45（6）：29-31.

[41] 李童杰，张晓更. 基于 DSP 的电子式电流互感器校验仪的研制 [J]. 仪器仪表学

报，2008，29（8）：1695-1699.

[42] 张杰，胡媛媛，刘飞，等. 高压直流互感器现场校验关键技术［J］. 高电压技术，2016，42（9）：3003-3010.

[43] 尚秋峰，张静，董建彬. 电子式电流互感器校准系统不确定度评定方法［J］. 电力系统自动化，2008，32（18）：63-66.

[44] 李登云，雷民，熊前柱，等. 数字量输出型直流电压互感器的误差特性分析［J］. 现代电子技术，2018，41（4）：119-123.

[45] 李前，章述汉，李登云，等. ±500kV 直流电压互感器校准技术试验分析［J］. 高电压技术，2010，36（11）：2856-2862.

[46] 朱梦梦，束洪春，罗强，等. 换流站直流电流互感器现场测试的关键技术［J］. 高电压技术，2019，45（8）：2522-2530.

[47] 戴魏，郑玉平，白亮亮，等. 保护用电流互感器传变特性分析［J］. 电力系统保护与控制，2017，45（19）：46-54.

[48] 徐雁，朱凯，张艳，等. 直流光电电流互感器运行及分析［J］. 电力系统自动化，2008，32（13）：97-100.

[49] 张杰，叶国雄，刘翔，等. 保护用电子式电流互感器暂态特性试验关键技术及装置研制［J］. 高电压技术，2017，43（12）：3884-3891.

[50] 李澄，袁宇波，罗强. 基于电子式互感器的数字保护接口技术研究［J］. 电网技术，2007，31（9）：84-87.

[51] 童悦，李红斌，张明明，阎东，王壅. 一种全数字化高压电流互感器在线校验系统［J］. 电工技术学报，2010，24（8）：59-64.

[52] 张杰，姚俊，姚翔宇，胡浩亮. 柔性直流输电用直流电流互感器保护特性试验技术研究及其测量装置研制［J］. 高电压技术，2018，44（7）：2159-2164.

[53] 毛艳，李庆峰，李毅，等. 1000kV 直流高压分压器的比对与不确定度评定［J］. 电网技术，2012，36：（7）：38-42.

[54] 柏航，徐雁，肖霞，等. HVDC 电子式电流互感器现场校准方法及关键问题［J］. 中国电机工程学报，2016，26（19）：5227-5235，5404.

[55] 朱梦梦，朱全聪，束洪春，等. 换流站直流电子式电压互感器现场校准方法研究与工程应用 [J]. 电力科学与技术学报，2020，35（3）：179-184.

[56] 周峰，殷小东，姜春阳，雷民，林福昌. 高准确度标准电压互感器误差电压系数测量方法 [J]. 中国电机工程学报，2019，39（24）：7421-7428.

[57] 郑欣，汪司珂，庞博，等. 直流电流互感器现场检测方法及应用 [J]. 电测与仪表，2015，52（16A）：119-123.

[58] 朱梦梦，林聪，曹敏，等. 基于绝对延时的 DCCT 异地同步现场校准方法及不确定度研究 [J]. 电测与仪表，2019，56（8）：51-56.

[59] 栗营利. 磁调制式直流比较仪的设计与研究 [D]. 黑龙江：哈尔滨工业大学，2014.

[60] 蔡东辉. 直流大电流计量标准装置检定方法及不确定评定 [D]. 武汉：华中科技大学，2012.

[61] 李朝峰. 数字变电站信息采集数字化的研究与实现 [D]. 保定：华北电力大学（保定），2009.

[62] 李伟，尹项根，陈德树，等. 基于 Rogowski 线圈的电子式电流互感器暂态特性研究 [J]. 电力自动化设备，2008，28（10）：34-37.